高等院校工业设计类“十二五”规划教材

形态基础与产品设计

Form Basis and Product Design

主　编　丁　毅　仉春辉
副主编　刘景丽

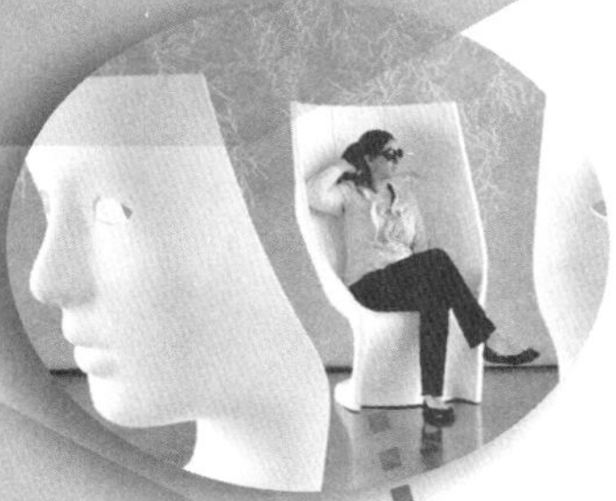

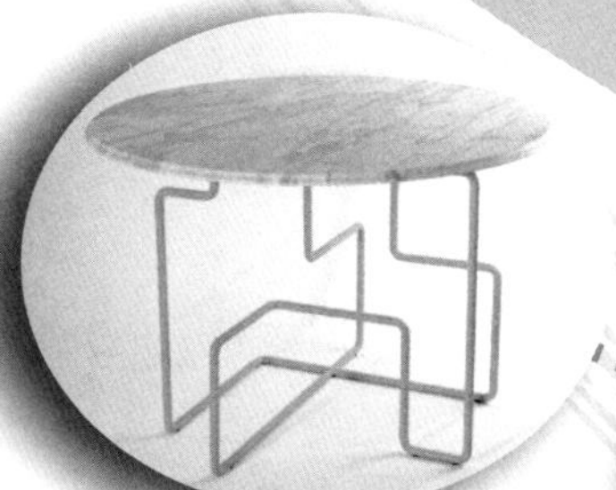

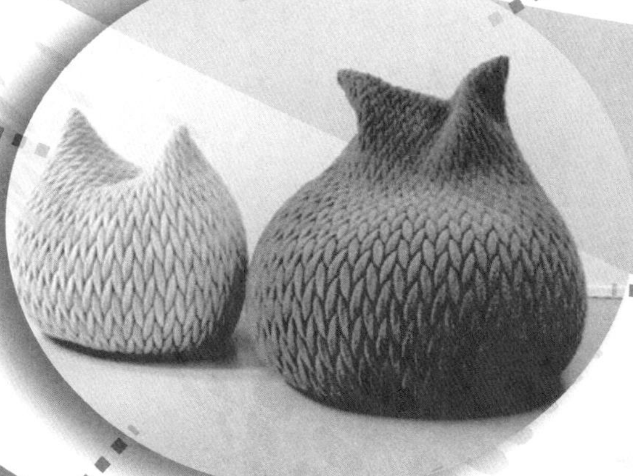

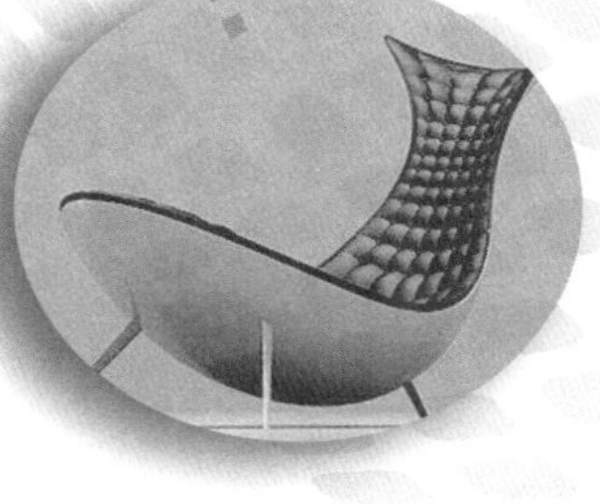

中国海洋大学出版社
·青岛·

图书在版编目（CIP）数据

形态基础与产品设计 / 丁毅，仇春辉主编. — 青岛：中国海洋大学出版社，2016.1

ISBN 978-7-5670-1055-0

Ⅰ. ①形… Ⅱ. ①丁… ②仇… Ⅲ. ①产品设计—研究 Ⅳ. ①TB472

中国版本图书馆 CIP 数据核字(2016)第 039722 号

出版发行 中国海洋大学出版社
社　　址 青岛市香港东路 23 号　　**邮政编码** 266071
出 版 人 杨立敏
策 划 人 王　炬
网　　址 http://www.ouc-press.com
电子信箱 tushubianjibu@126.com
订购电话 021-51085016
责任编辑 由元春　　**电　　话** 0532-85902495
印　　制 上海万卷印刷股份有限公司
版　　次 2016 年 2 月第 1 版
印　　次 2016 年 2 月第 1 次印刷
成品尺寸 210 mm×270 mm
印　　张 12.5
字　　数 374 千
定　　价 59.00 元

总序

《中国制造2025》是国务院总理李克强在第十二届全国人民代表大会第三次会议上提出来的，旨在坚持创新驱动、智能转型、强化基础、绿色发展，加快从制造大国转向制造强国。围绕创新驱动、智能转型、强化基础、绿色发展、人才为本等关键环节以及先进制造、高端装备等重点领域，提出了加快制造业转型升级、提升增效的重大战略任务和重大政策举措，力争2025年前从制造大国迈入制造强国行列。

在此发展方针的指导思想下，工业设计更加注重跨学科的交叉，集成知识，整合创新，跨界探索新的技术、新的形态、新的服务和设计实践。《中国制造2025》也将“人才为本”作为基本方针之一，坚持把人才作为建设制造强国的根本，培养素质优良、结构合理的制造业人才队伍，这也是开设工业设计专业课程的宗旨。在当今重视大众创业、万众创新的形势下，培养工业设计专业人才显得更迫切和更重要。

工业设计教育该如何培养适应新发展需求的工业设计专业人才？本系列工业设计类专业教材正是在信息化和全球化深度发展的时代特征下，适应设计环境的改变、设计对象的改变和创新模式的转变而及时推出的，适应了时代发展和人才培养的需求。

本系列教材编写团队整体构成合理、实力雄厚，由长期从事工业设计教学、科研的高校老师，资深设计总监、技术总监，双师型的专家学者等组成。本系列教材强调团队合作，集整体团队智慧、经验于一体，以高度的责任感，对每册教材的框架、内容、教学环节等进行了多次研讨，融入了务实创新的教改精神。其具体特点如下：

一、系统性。考虑了工业设计专业学科的知识系统，内容涵盖设计史论与方法论、设计技术类、设计表达类和设计实践类四大板块。

二、实用性。教材内容注重与设计行业的结合，教材的编写团队由一线设计教师和知名企业的设计总监或设计从业人员组成，充分体现了理论和实践相对接、学以致用的特点，如《形态基础与产品设计》《产品研发设计表现》《产品系统设计》等教材。

三、时代性。本系列教材注重与时俱进。时代在进步，设计内容也在发展。顺应现代设计的发展需求，教材既注重对设计传统行业的重塑，也兼顾设计学科的跨界探索，如《产品交互设计》《产品设计数字化表现》《产品用户调查》等教材，适应了现代设计的发展需求。

此外，本系列教材考虑产品设计、产品类别的宽泛，因此配套内容考虑较全面，既保持了工业设计学科的规范性和完整性，也体现了工业设计学科发展的前瞻性、系统性、交叉性及实践性，能够适应高等院校工业设计专业教学的需求。通过对本系列教材的学习，学生可以全面提高工业设计专业理论水平及应用能力。同时，本系列教材对相关专业人员也具有较高的参考价值。

朱钟炎　范圣玺

2015年11月

前言

工业设计、产品设计专业在国内各大高校已经发展了近30年，但是为何还是很难出现具有形态设计感、能够被行业认可的经典设计作品呢？从目前的产品造型来看，主要是因为大多数作品都在模仿他国的设计，缺乏独创意识，很多造型经过改良后设计感大打折扣，更别说形态美感了。

经调查分析发现，目前产品设计专业开设的课程中，构成方法很难被学生合理地与产品设计方法融合。虽然他们也能基本理解形式法则的练习内容，作品表达也很优美，但却只能停留在平面和具体的立体形式中，很难将形式美感与产品形态设计相结合，而这与三大构成课程、基础形态课程与产品形态课程这三门课程之间的衔接不够紧密有很大关系。鉴于此种情况，编写一本从基础形态到产品形态相互转换的指导教材已势在必行。

在编写本书的过程中，鉴于构成基础在平面设计、建筑形态设计、产品形态设计中的表现方式各有其特点，故对产品形态设计中不常用的构成法则做了部分删减。产品形态除了满足视觉需求的基础构成方法之外，还与其功能结构有着密不可分的关系。要完成一个完整的产品设计，必须先从功能角度出发满足其基本的使用方式，还应考虑到生产加工的可量化性（批量生产）以及降低成本和节约资源（可持续）等方面，最后再赋予其合理的形态。故本书中增加了与产品造型相辅相成的功能、结构、人群定位、环境定位等息息相关的专业知识点，希望通过较为系统的造型原理，让学生了解产品形态的系统关系，不再出现重形态轻功能或重功能轻形态的误解，能够用适度的形态与合理的功能，共同作用完成设计作品。

由于编者水平所限，书中难免有不足之处，敬请广大读者批评指正。

最后，感谢为本书提出宝贵建议的同济大学朱钟炎教授和为资料整理付出大量时间的俞晗同学。

编者

2015年11月

教学导引

一、教材适用范围

本教材是产品设计专业重要的形态基础训练课程之一，是学生掌握产品形态设计的有效途径。课程以传统三大构成基础运用到产品形态设计中的各种方法为主导，以循序渐进的训练流程和连贯的知识点衔接为依据，通过教学过程的强化训练与实际应用案例的讲解，促使学生理解构成形式法则与产品设计专业造型方法之间的关系，并且能够自由灵活地掌握产品形态设计的技巧。本教材适用于高等院校产品设计专业的师生，是相关课程的教学参考用书，也是相关设计专业学生自学训练的针对性教材。

二、教材学习目标

1. 掌握形态基础在产品形态设计中的运用方法。
2. 掌握形态构成形式以及形式美法则在产品设计中的运用。
3. 掌握如何从自然形态中提取形态要素并运用在产品设计中。
4. 掌握与发现生活中的数学美感并运用在产品设计中。
5. 掌握影响产品形态要素的功能、结构、人群、环境，在设计中做到“以人为本”。

三、教学过程参考

1. 明确每个知识点的重点、难点，教学的目的和意义。
2. 基本方法讲解。
3. 训练重点讲解。
4. 明确每个训练环节的侧重点以及如何综合运用。
5. 课题的布置和执行。
6. 成果展示和教师点评。

四、教材建议实施方法

1. 课堂演示。 2. 课堂课后阶段性练习。 3. 案例讲解。
4. 知识点个人练习。 5. 课题分组合作。 6. 课题点评。

建议课时

总课时：80

章　节	内　容	理论课时	实践课时
第一章	形态基础概述	8	4
第二章	形态构成基础	16	8
第三章	自然形态基础	10	6
第四章	形态与产品设计	8	8
第五章	产品形态设计方法	6	6

目录

第一章　形态基础概述

第一节　形态基础

1.1 形态的概念

形态是“形”与“态”的有机组成，既可理解为有态之形，也可理解为有形之态。

首先我们认识一下“形”。“形”是一种客观的存在，无论是二维空间里的图形，还是三维空间里的形体，都是通过占有一定的空间并能够被人们视觉、触觉所感知到的客观存在。

相较于“形”的客观存在，“态”字更强调的是一种主观感受，包括知觉与情感。形与态是互生一体的关系。一方面，任何的形状都会通过人们的感官进入人的大脑，大脑会联合各部分区域对其进行整体评价；另一方面，“动于中，则形于外”，在长期生活实践中积累的思想与感情会影响到艺术家的艺术创作，画如其人就是这个道理。

带有“形”字的词语除了形象、形体、形态之外，还有一个被我们所熟知的词，就是“形式”。《说文解字》中对“式”的解释是：“式，法则、程序。”“形式”一词所强调的是事物的组织结构和表现方式，即形的大小、曲直、位置、方向等处理方法。如图1-1-1所示是拱门造型书架，形式法则运用灵活。

因此，“形态”一词蕴含着复杂的视觉与知觉过程，即“形”通过一定的“式”经过人的视觉在知觉中形成“态”。形—式—态是具有因果关系的统一整体，既是主观与客观的统一，也是内在与外在的统一。如图1-1-2所示，托盘的起伏给了鸡蛋承托的功能，具有很强的曲线美感。

“形态”是人们观看世界的一种方式，解读世界的一种渠道。形态涉及人的心理感受，具有很强的主观色彩。因此，形态设计不是自然形态的机械复制或纯客观的理性创造，在形态设计中要充分发挥人的想象力、感悟力。学好形态设计不仅需要具备一定的技术技能，还需要具备丰厚的人文素养。

图1-1-1　拱门造型书架

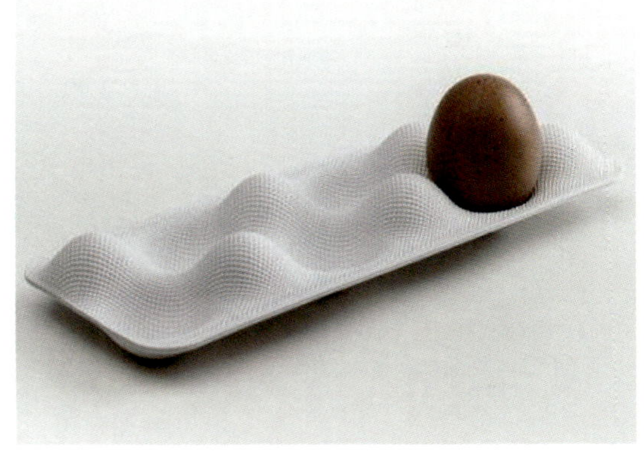
图1-1-2　鸡蛋托盘

图1-1-3　麦当劳标志

例如，麦当劳（McDonald's）取M作为其标志，颜色采用金黄色，像两扇打开的黄金双拱门，象征着欢乐与美味，也象征着麦当劳的“品质（Q）、服务（S）、清洁（C）和价值（V）”，像磁石一般不断把顾客吸进这座欢乐之门。其次，拱形标志代表一个庇护所，人们可以在这个金色拱形下无忧无虑地休息。麦当劳标志就是通过两扇黄金双拱门这样的“形式”，向消费者传达出欢乐、美味、亲和力这样的“态”（图1-1-3）。

图1-1-4　海浪偶然形态

1.2 形态的分类

现实世界是浑然一体的，分类是人们为了便于认识而强加于自然之上的概括与总结。因此，不同的分类代表着不同的认识角度，不能教条于分类而使认识的世界支离破碎。

1.2.1 按存在状态分类

从形态的存在状态上，可分为现实形态和概念形态两大类。

现实形态是指占有三维空间的，能够被人们视觉、触觉，甚至味觉、听觉所感知到的存在，可分为自然形态和人为形态；而概念形态指存在于二维空间里的纯粹的形态，理论上可由最基本的点不断运动生发出无穷的形态，是意念中带有抽象性质的形态。概念形态分为几何形态和偶然形态，如图1-1-4所示是海浪偶然形态，具有很强的自然线条美。

（1）自然形态

自然形态是指在自然法则下靠自律生成的形态。自然形态分有机形态与无机形态。有机形态是指可以再生的，有明显生命感、生长感的生物形态，如树木、花朵、人类等（图1-1-5）。无机形态是指相对静止，不具备生长机能的形态，如高山、瀑布、溪流、石头等。自然形态能给人纯朴、直观、和谐、生机等感受。

图1-1-5　人体跳跃形态

（2）人为形态

人为形态指在人类有意识、有目的地创造下靠他律生成的形态。人为形态分具象形态与抽象形态。具象形态是注重客观世界的表象视觉呈现，较多地反映物象的细节真实。如图1-1-6所示的储钱罐设计，造型来源于小猪的形态，将小猪的可爱圆润呈现得惟妙惟肖。而抽象形态则不直接模仿客观现实，更注重揭示客观世界的本质规律，常以观念符号与几何化的语言呈现，如汽车、楼房、家具、服装等。人为形态是在自然形态的基础上经过概括、提炼，按照一定的实用因素与审美原则创造的形态，因而给人以简洁又生动的视觉感受。

图1-1-6　具象形态的小猪储钱罐设计

图1-1-7　几何形态的座椅设计

（3）几何形态

几何形态是以纯粹的几何观念来加工、提升的客观形态，是所有形态中最基本的形态。几何形态中有纯抽象的数学形态，如圆形、正方体、球体，也有经过高度秩序化、几何化的带有生命意象的半抽象有机形态，如中国传统造型艺术中的纺织图案、镂雕格窗、彩陶纹样等。几何形态因其高度概括与数理特点，而具有简明、单纯、秩序的审美与稳定、方便的实用价值。如图1-1-7所示是以圆形为基础设计的几何形态的座椅。

（4）偶然形态

偶然形态是偶然形成，非人的意志可以控制结果的形，如揉皱的纸痕（图1-1-8），腐蚀的墙面、随意涂抹的痕迹、自然形成的痕迹（图1-1-9），等等，它们具有非秩序性和不可重复性。偶然形态能给人丰富、多变、惊奇、神秘的视觉感受，但也因其偶然与不规则的特性而容易造成杂乱无章、轻率零落的后果。

图1-1-8　揉皱的纸

图1-1-9　山体偶然形成的图案

1.2.2 按隐显特征分类

从形态的隐显特征上，可分为积极形态与消极形态。

积极形态是容易被感知的直观化的独立形态。消极形态是不容易被感知的依附于独立形态而存在的隐退型形态。如形态中的点，积极的点是墨点、蚂蚁、纽扣……而消极的点是线的端点、线与线的交叉点、椎体的顶点、纸上的镂空点等；积极的线是柳枝、电线、铁轨、速写本中的线条……而消极的线则是两点之间的直线距离、面的边缘、面材的截面、两色的交界、形体的正负（图1–1–10、图1–1–11），形体的棱边、体面上的镂空或划痕等；积极的面是纸张、床单、墙壁、图形……而消极的面是点的密集、线的密集、墙壁上的窗、纸面中减缺虚形等；积极的体如雕塑、建筑、圆球、食物……而消极的体则是由各种体面限定出不同用处的各种内部虚空。积极的实体是世界上的广泛存在，任何物质材料都具有一定的体量，而消极的虚体则占据了实体之外的所有空间维度，如图1–1–12中的灯饰透过叶片中间的空隙发出的光线产生的是虚体光色。

图1–1–10　色彩对比图与地

图1–1–11　鲁宾之杯

图1–1–12　克里米亚松塔灯

形态的积极与消极不是固定不变的，而是相对的概念，在一定条件下还可以相互转换。如将一根积极的线条围合闭锁成图形之后，线条的积极性减弱而呈现出面的形态。此时的线与面在视觉上的隐显程度相当，但如果通过色彩对比加强图与地或实体与虚空之间的对比关系，则线条会进一步隐退，面形会进一步显现，走向积极（图1–1–13至图1–1–15）。

这里需要强调的是，消极形态与积极形态不分孰轻孰重，它们地位平等，相互依存，缺一不可。我们决不能因为消极形态的隐退性，而忽略甚至遗忘它的存在。

图1–1–13　米兰家具展人脸椅子

图1–1–14　熔化台灯

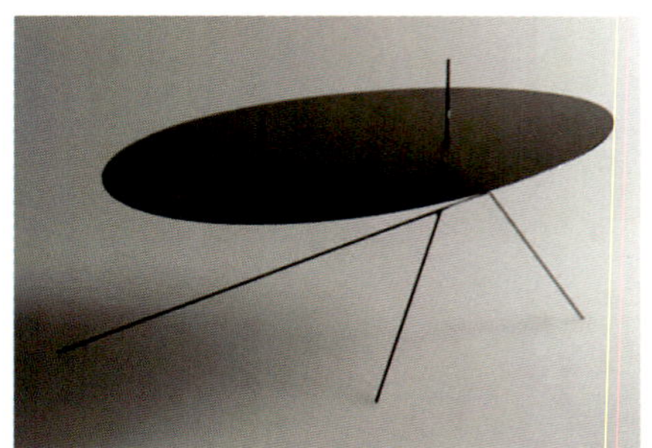

图1–1–15　桌子设计

1.3 形态的知觉与心理

1.3.1 形态的隐退与显现

形态的隐退与显现，是从不同形态在人脑中被辨识的速度和强度的差异性来分析的。在形态的分类中，我们所列举的积极形态与消极形态，就是针对形态的隐显特点区分的。

积极形态易于被感知，消极形态不易于被感知。形态的积极与否一方面取决于形态本身的存在方式是否独立、突出，另一方面取决于观赏者的生理与心理差异。

（1）形态能量上的差异

我们把眼睛比作心灵的“窗户”，是眼睛将外在物质世界与内在心灵空间连接在一起。眼睛还是重要的关卡，将光线的物理能量转译为能在大脑组织间传递的生物能量。形态辨识度的差异在眼睛之外，就是形态自身物质能量上的差异。

二维形态中，在空白的画面上用线条将完整的画面划出各不相同的区域形态。此时，区域形态的辨识强度几乎平等，只是紧凑或特异的区域形态较为突出（图1–1–16）。随着透明度、颜色、肌理等形式因素的介入，加大了区域形态之间的对比，形态之间的物理能量也就逐步拉开距离（图1–1–17）。色彩温暖艳丽的形态较色彩阴冷暗淡的形态更加醒目，这是由色光波长与能量的不同决定的；明亮的形态凸显，灰暗的形态退缩，这是由色光数量的多少决定的；相同的广告，尺度大的招贴比尺度小的招贴更容易吸引人的注意，这还是由物理能量的差异决定的。

图1–1–16　阿迪达斯广告招贴1

图1–1–17　阿迪达斯广告招贴2

在三维形态中，物体的纯度、冷暖、体量尺寸、环境光线的强弱同样影响着形体的隐显辨识度（图1–1–18、图1–1–19），至于实体与虚空之间的物理能量差异就更加悬殊。

我们把易于被感知的二维形态称为图或实形，把不易被感知的隐退的二维形态称为地或虚形（图1–1–20）；将易于辨识的三维形态看做主体，将不易于辨识的三维形态或空间看作背景。同样的维度，图与地、主体与背景共同平等地分享着空间，只是在人的知觉世界里产生了强弱虚实。

（2）形态知觉上的共性选择

在日常的视觉经验中，影响形态图地关系的因素不止上述这些，还包括图形在视域中的位置、完整度、规则度、紧凑度以及动静状态等，这些都属于形态特征，但影响其辨识度的因素却存在于人脑的知觉系统中。

人的注意力是有限的，那些处于视觉中心、完整紧凑的图形相较于偏远、松散的图形更能节省处理信息所需的能量而快速引起人们的注意。格式塔心理学认为人们的知觉活动存在“简化”倾向，即将任何刺激以尽可

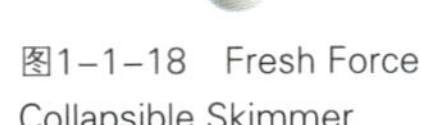

图1-1-18 Fresh Force Collapsible Skimmer

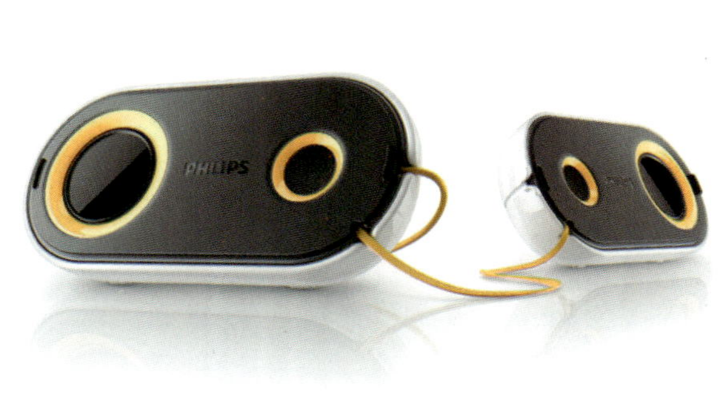

图1-1-19 飞利浦音箱

图1-1-20 招贴画设计

能简单的机构组织起来的倾向。这种能力在瞬息万变的危险环境中能帮助人类快速地认知、判断并做出反应。那些简洁、规整、秩序的图形相较于繁杂、凌乱、多变的图形更受人们的偏爱。偏爱会使瞳孔放大，接收到更多的能量信息。因此，这一类图形也容易引起注意。此外，人类还有一项生物共性的本能，就是对运动形态的警觉性。因此，运动、变换的形态更容易引起注意，街边闪烁的霓虹灯就是以此来发挥它的广告效应的（图1-1-21）。

图1-1-21 运动变化的指示设计

（3）形态知觉上的个性差异

人类知觉的选择性不仅作用于信息的收集阶段，还发生在信息的整理阶段。人脑会将一部分信息忽略，而着重分析归纳认为有意义的信息。这就是布罗德本特（Donald Broadbent）提出的注意的过滤器理论。知觉认知过程是一个结合了价值取向、哲学态度、个性偏爱的高层次的组织加工过程。这些都带有明显地个性差异，因此，面对同一事物，会出现仁者见仁、智者见智的情况。带有“意义”的形态能够唤醒记忆、激发联想、引动更为复杂的神经反射系统，因而不仅能够在众多形态中凸显出来，还容易在观者记忆中留存下来。

在设计领域，除去以实用功能为目的的形态结构语言之外，设计的重点都放在了如何通过造型语言唤起消费者复杂的情感和记忆、激发相应的生理和心理反应上，以迎合与取悦消费者。“Sound Donut”是一个便携的蓝牙音箱（图1-1-22），它的设计灵感来自甜甜圈，与甜甜圈一样，有各种颜色可以选择。其中的色彩部分为产品操作面板，所有的控制按键均集中在这个位置，与主体黑色对比强烈，既是功能区域的强调，又可在认知上产生差异性，并且同型号的多种色彩可带给消费者个性化的选择。

图1-1-22 “Sound Donut”便携蓝牙音箱

（4）多义图形与图地转换

图地关系是一种两可图形。这是一些模糊的、不稳定的图形，它们可使单一的图像在知觉和辨认上产生多种可能（图1-1-23）。总体而言，形成两可图形的原因有两种。

① 由于识别阶段的模糊性造成的。一般是由于图形构成要素的位置和形状模糊，导致人们识别模糊。图地区分不显著导致的两可图形即属此类（图1-1-24）。

② 由于知觉组织阶段的模糊性造成的。这些图形虽然具有清晰的轮廓，物理形态却是相同的，人们存在解释上的困难。

图形与背景本就是相对的概念。知觉的选择性会因两种形态能量信息上的势均力敌而难以把握，给人以不安的情绪。注意力在两种形态间游走，形态也随之在图与地两种属性间来回跳转。例如，曲形沙发（图1-1-25），乍一看，是一条躺着的蛇，仔细看又像一个耳朵，两种形态互相交替出现，左右功能造型同时存在。我们将交替显现和能把同一部分看作两个以上对象的图形称为多义图形，将这种跳转现象称为图地转换。

图1-1-23 并不存在的三角形

图1-1-24 图地不显著图形

图1-1-25 曲形沙发

在设计艺术中，背景形态不仅起到反衬的作用，还影响着主体形态的空间节奏。设计师则刻意不区分图与地，使其出现一种模糊、闪烁的效果，一方面能增加画面的复杂程度和趣味，另一方面可能是因为这些图地交织的画面并非是想让人们能清晰辨析其中的内容，而仅仅是作为一种装饰或图案。荷兰艺术家埃舍尔是勾画运用图地创造奇妙效果的大师，其多幅作品都表现了图与地之间微妙有趣的变化，为之后的艺术设计提供了不少灵感来源（图1-1-26、图1-1-27）。

图1-1-26 蜴、鱼、鸟 埃舍尔 荷兰

图1-1-27 鱼与鸟 埃舍尔 荷兰

图1-1-28 海报设计 冈特·兰堡

吸引消费者的注意力，使产品对目标具有强烈的吸引力，既要依靠产品自身的设计，也要依靠视觉传达的体现。有意识地利用人感知系统的特性，在广告设计中，常用到大面积的留白和面积很小的字体或图像的对比刺激、颜色刺激来吸引主体的注意力。研究发现，黑色与单色结合的配色比黑白广告要引人注意；四色广告比黑白广告的注意程度高出了54%（图1-1-28）；暖色系比冷色系更引人注意。

1.3.2 形态的视觉手段

（1）透视

① 焦点透视——利用视知觉的感觉习惯，模仿视网膜成像，造成三维立体幻觉（图1-1-29）。透视方法包括线透视、空气透视、遮挡透视等。

② 散点透视——突破时空界限，不同时间、空间的景象结合（图1-1-30）。

图1-1-29 焦点透视

图1-1-30 散点透视

（2）基本形的组合

① 分离——形与形之间存在空间缝隙（图1-1-31、图1-1-32）。

图1-1-31 分离设计的标志

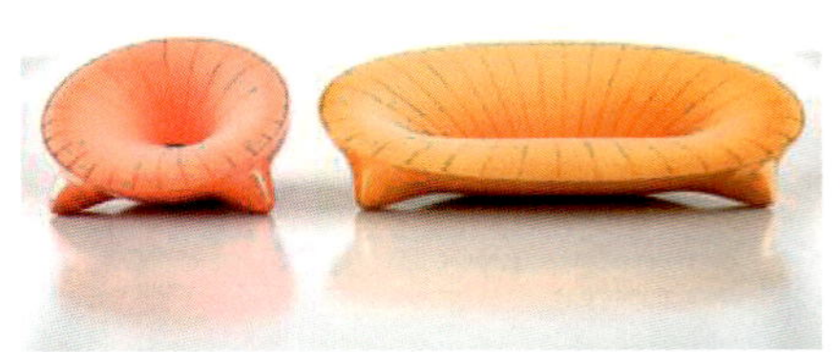

图1-1-32 家具的分离组合设计

② 接触——两形刚好碰触在一起（图1-1-33、图1-1-34）。

图1-1-33　接触设计的标志

图1-1-34　运用接触设计的家具

③ 透叠——两形相遇时，交叠的部分颜色处理与原有颜色拉开距离，在保持各自形态完整轮廓的前提下呈现交叠关系（图1-1-35、图1-1-36）。

图1-1-35　透叠设计的标志

图1-1-36　运用透叠设计的家具

④ 差叠——两形相遇时，只保留交叠的部分。

⑤ 覆叠——两形相遇时，通过强化阴影关系体现两形的前后层次（图1-1-37至图1-1-39）。

图1-1-37　覆叠图案1

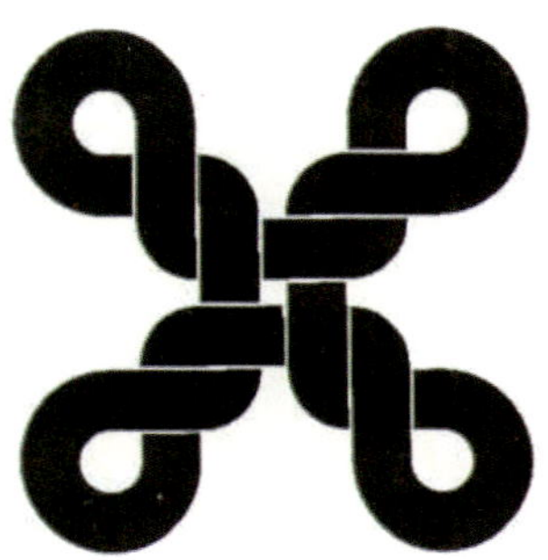

图1-1-38　覆叠图案2

图1-1-39　覆叠灯具设计

⑥ 减缺——完整形态被另外一个虚形减缺（图1-1-40、图1-1-41）。

图1-1-40　减缺设计的标志

图1-1-41　减缺设计的花瓶

（3）矛盾空间

矛盾空间——参照系统在判断事物的知觉特性时，我们通常使用一个标准或参照系统，并对照它去判断事物的特殊性质，从而产生空间错位之感（图1-1-42至图1-1-44）。

图1-1-42　矛盾空间图例1

图1-1-43　矛盾空间图例2

图1-1-44　灯具设计

1.3.3 形态的错觉

错觉即错误的知觉，是人对外界事物做出的与客观事实不相一致的主观判断现象。错觉和其他主观判断不同，它是在不自觉的情况下产生的。错觉既是一种心理反应，也是一种生理反应。

错觉存在于人类的每一种感官知觉当中。因此，从不同的感官出发，可分为动错觉、触错觉、听错觉、味错觉、嗅错觉、视错觉等。

视觉作为主要的感官知觉，错觉现象更为普遍。比如因形态所处的位置环境不同而产生的远近、大小、颜色、冷暖、正斜等变化，产生视错觉。

形象错觉主要表现在类比方面。客观物象在形体上有着明显大小差异的类比，是最简单的类比现象。视错觉产生的类比是指同样大小的物体由于置列形式与位置的不同，而使本来同样大小的物体产生了视觉上的差异。

同一形态与周围形态的大小对比不同，会造成体量判断上的错觉。等大的三角形在不同大小的物体里面会有大小错觉（图1-1-45）；等大的圆，不同粗细黑色边框，会有大小错觉（图1-1-46 ）。应用案例加湿器（图1-1-47）边框黑色加粗可有视觉缩小之错觉。

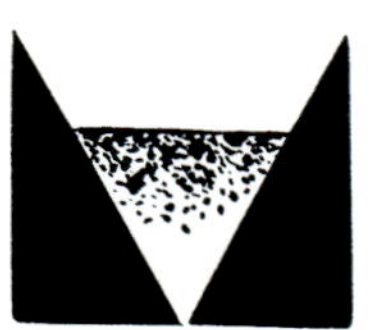

图1-1-45 等大三角形的视觉差

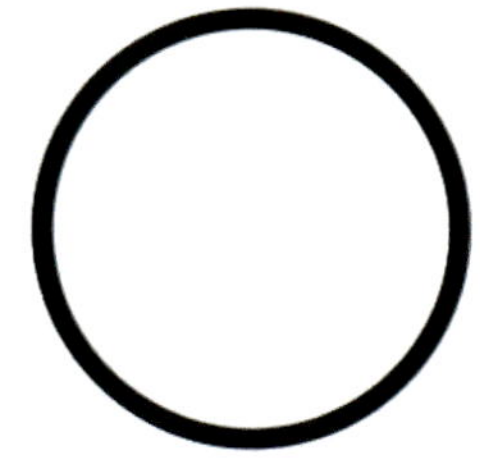

图1-1-46 等大圆的视觉差

图1-1-47 加湿器

同一明度的物体放置在不同明度的环境中会产生对形态明度上的错觉（图1-1-48、图1-1-49）。

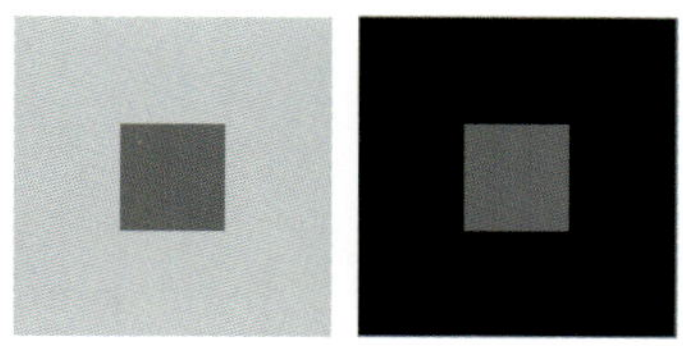

图1-1-48 明度环境错觉

图1-1-49 明度色相环境错觉

在产品设计中，色彩的错觉主要体现在色彩的明度和冷暖上。暖色调体量感较大，冷色调体量感轻巧且金属感强（图1-1-50）；白色较黑色显大，红色显重量感（图1-1-51）；材质的改变让手机的视觉体量感产生心理变化（图1-1-52）。

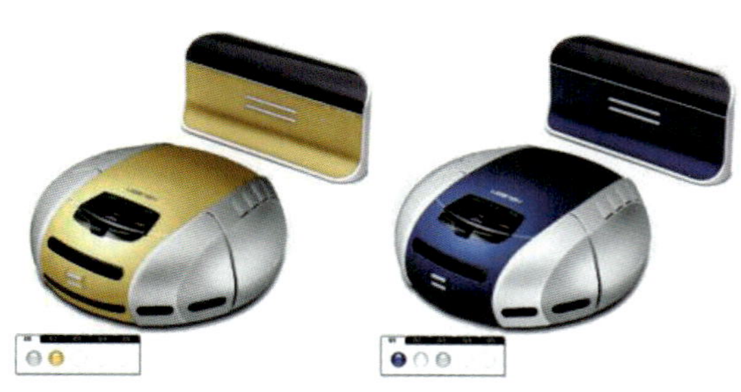

图1-1-50 不同色彩视错觉

图1-1-51 不同色彩产品大小视错觉

Elegance

Classic

Dandy

Hi-Tech

图1-1-52 不同材质的手机设计

形态自身的形状、方向的变化也会让观者产生错觉。苹果iMac的整体厚度应包括背面弧度，但强烈的边线把视觉吸引在显示器边框的灰色部分，故视错觉误以为整机厚度只有视觉看到的灰色部分，这是设计师利用视错觉有意为之的设计（图1-1-53）。三星手机边框设计较细，加上金属质感吸引视觉，故整个手机看上去只有边框的厚度，显薄（图1-1-54）。

图1-1-53　苹果iMac

图1-1-54　三星手机

1.4 形态的提取与创造

1.4.1 从具象形态到抽象形态

自然纷繁复杂，在生存的历练中人们必须快速筛选、提炼出有用的主要信息，从而形成在形态中寻求意义的习惯与能力，就如我们将繁星划分出星座以便于整体感知。因此，艺术的创造不应停留在对自然形态的描摹上，更应追求高层次的抽象内涵。

抽象表现不是不着边际的胡来，而是抛开表象的局限，用一种更为直接而有力的语言方式表达生命的内力变化。这是对事物本质的挖掘再现，是一个对形的演绎、解体与转换的过程（图1-1-55）。这种形态因与直观视觉表象存在较大距离，故而人们称之为抽象形。

图1-1-55　具象到抽象提炼（学生习作）

艺术以它敏感的神经敏锐地认识感受到一切有生命和无生命的形态中包含的内力运动变化。艺术家有意识地从各个角度审视形态的内在关系，通过不断地演绎、解体、转换，提取出凝练的本质特征。这是一个步步深入的动态发展过程，在每一层变换中寻找下一层变换的契机。形式语言高度凝练，带有很强的符号性表意功能，这需要创作者具备敏锐的观察力、感受力、想象力，只有心手合一才能做到形意融合。在提炼的过程中要做到专心专注、宁心静气，烦躁浮华是不能取得好的结果的。

1.4.2 从抽象形态到具象形态

点、线、面作为最基本最抽象的造型元素常常成为抽象艺术的代言，抽象本身不是目的，抽象的结果使形态升华出意义才是我们真正追求的东西，否则抽象就变味成枯燥乏味、缺乏人性的形式游戏。康德说："没有抽象的视觉谓之盲，没有视觉形象的抽象谓之空。"因此，艺术没有排斥具象，经抽象思维升华过的具象，更能接近观者的内心世界。这种升华过的具象我们称之为"意象"（图1-1-56、图1-1-57）。在绘画艺术领域，纯抽象的画作相对于意象画作还是少的。

图1-1-56　插画师Bjornik设计作品

图1-1-57　雕塑作品

自然形态中有很多能够触动我们的抽象形态，但因其偶然、散乱，其中所包含的意义并不牢固、明确。艺术家的高明之处在于能够敏锐地感受到这些信息，抓住、强化并以艺术的形式清晰明确地将它们再现出来（图1-1-58至图1-1-61）。

图1-1-58　大蒜吊灯　Anton Naselevets

图1-1-59　凹凸　吴冠中

图1-1-60　日本伊藤石材厂的卵石工艺

图1-1-61　灯具设计

1.4.3 形式的介入与打散重构

对具象形态的提炼升华离不开对形态语言与结构的演化。演化的方式称为形式。

要想从自然形态或人为形态中摄取形态要素，首先要从形态的简化与破坏开始。简化，去繁从简，突出主要感知意义；破坏，化整为零，突破对原有形态认识上的束缚，打破惯性思维。将原有形态进一步分解成多个简化形态，或打破焦点透视，以散点的视角多角度观察再现原有形态。视点的选择与意义的提炼因人而异，带有强烈的主观色彩。

其次是进一步对形态进行变形与重构。变形，强化形态意象；重构，按照内心的意象逻辑聚合、群化，突出新形象的完整性、逻辑性、审美性（图1-1-62、图1-1-63）。

图1-1-62　服装仿生设计（重构）

图1-1-63　建筑设计

埃及壁画中的人体造像，将人物的各个局部特征从三维空间中抽取出来，从一个视角集中起来表现，显得非常精彩。比如人物头部是侧面像，眼睛却是正面型；双肩和胸部是正面像，乳房又是侧面型；臀部和腹部是三分之一的微侧，与两腿自然过渡，腿和脚也是侧面型，画面丝毫不受固定视点的束缚（图1-1-64）。

以单一的自然形（或变形）为原形，将其自由分解，拆成部件、部分或做规则切断，其性质可以不再是自然形，也可以不再具有原来的功用，以此为造型元素（全部使用或使用其一部分）组成新的形象或画面，称之为打散构成（图1-1-65至图1-1-67）。使用部分打散元素时，同一性质元素的重复组合可以创造出节奏和效果的协调统一。

图1-1-64　埃及壁画

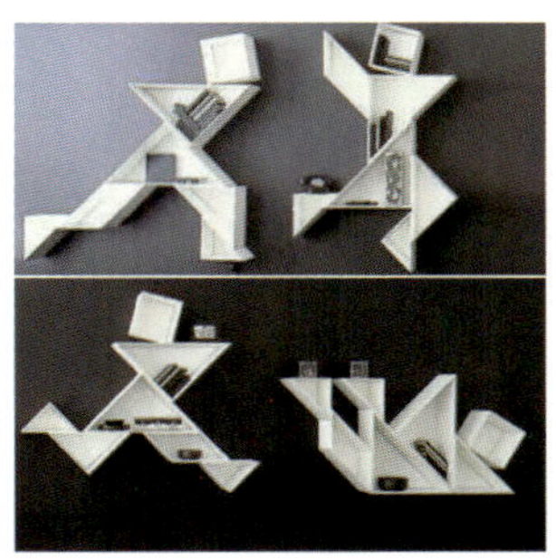

图1-1-65　模块化家具设计

图1-1-66　脸谱的打散重构（学生习作）

图1-1-67　文字“城”的打散重构（学生习作）

1.4.4 形态提取与创造的常用方法

研究、把握形态及其内部构造关系离不开感性的直觉判断和理性的逻辑分析。无论具象与否，形态的提取与创造更多强调的是一种抽象的思维与创造的方式，一种对形态意义的抽离与演绎。过程复杂，手段多样，完美驾驭难度很高，因此，掌握一些常用方法是行之有效的学习手段。

（1）摄取元素的简洁化

观察并思考自然形态所具有的抽象意义，抓住自然形态本身所具有的特性，简化、归纳并进行夸张变形，以强化视觉效果（图1-1-68、图1-1-69）。同时，将与此无关或关系不够紧密的因素弱化或删除。简化是将自然物象中所呈现出的复杂、多样的视觉形式，进行单纯、简洁的归纳概括，把需要表现的特征与因素通过明

图1-1-68　风景　吴冠中

图1-1-69　围城　吴冠中

确肯定的表述方式传达出来。简洁醒目的形式，最便于理解和记忆（图1–1–70、图1–1–71）。夸张变形是充分利用并突出特征，使新的形态变得明确有力、生动感人。如归纳夸张形态的运动规律、方向和程度，突出形象的内力运动变化，让观者感受到强烈的生命活力；归纳夸张线条的流畅性、比例的合理性，突出形态的形式美感。摄取原形的某些特征，提炼并深化再现。

图1–1–70　产品仿生设计

图1–1–71　产品仿生设计

（2）空间结构上的秩序化

整体的形状往往是一些相同的小的结构单位按一定的组合规律重复而成，具有被其他性质的结构单位替换的可能性，同时还可以按照新的组合重聚（图1–1–72）。重组简化的过程打破了原有的知觉形象，在非模仿的结构和秩序中生发出非具象视觉形式，创造新的视觉世界。对物象的重组要透过形体表面，审视最小结构单位及其附着的组合模式，透过形态内部关系把握整体结构的韵律，按照形式单元的生长、繁衍、扩展、排列和重构要求，改变物体具有规律和生命力的部分，使重组起到增强形的变异作用，让抽象的形式体现出真正的价值（图1–1–73）。

如图1–1–74所示是抽象大师蒙德里安1915年题名为《海堤与海·构成十号》的作品，画中用垂直线加水平线的基本形状要素，表示向上和向左右的伸展变化；通过由下到上的大小渐变，表现了增长和扩张的渐进规律；接近椭圆形的外部轮廓显示出膨胀的活力。而这一切，都围绕着中间作为骨干的隐约可见的码头。

图1–1–72　花插仿生设计

图1–1–73　灯具仿生设计

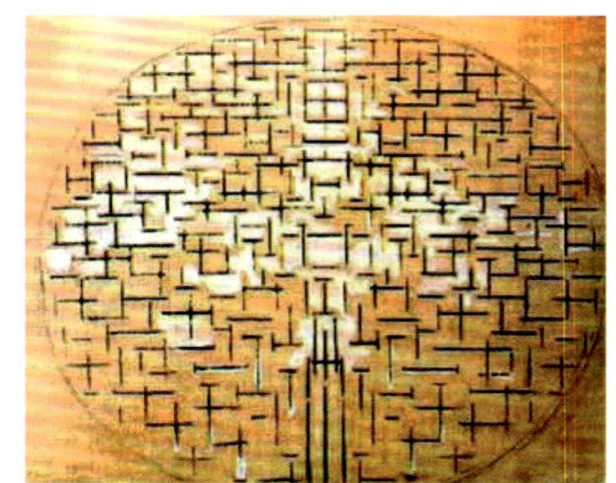
图1–1–74　海堤与海·构成十号　蒙德里安

（3）审美取向上的个性化

工业化理性秩序的追求把以物理学、几何学（图1–1–75）为主要线索的构形方式称为逻辑构形。根据构形的创造思路，把以人类学、社会学为主要线索的构形方式称为情态构形。

由于没有原形作根据，创造思路似乎很难捕捉。把几何学、机械运动、社会生活相联系的运动形式作为模特儿，只是一种引导方法，最终目的不是模拟和再现，而是要创造“心象”。换句话说，构形作品的整体效果，应作为各种情态来呈现，只有其内部结构才表现各种运动的逻辑，这两者是相互联系不可分割的。

所谓“心象”，即审美主体受审美客体的启发和诱导，凭借记忆、想象和顿悟而产生的形象，是体现主观理解和感情的形。面对同一个图像，不同的作者也会有不同的心象，因为他们的知识、经历、爱好、个性等都不相同。假如一个构形作品只是表现机械的规律，那将是枯燥乏味，甚至是缺乏人性的。唯有创造出心象，传达心声，构形作品才具有其特殊的生命活力。因此，心象的创造实为构形作品的灵魂。欲要创造心象，就必须面对机械构形的作品静思默想，调动自己的全部知识任想象驰骋，直至从中发现了自己最中意的图像，再将其肯定下来。所以说逻辑构思只是为心象的创造提供了一个客观基础（图1-1-76至图1-1-78）。

图1-1-75 时钟设计

图1-1-76 茶道作品设计 李星星

图1-1-77 插花

图1-1-78 翼 品物流形

第二节 形态基础与产品设计的关系

构成的发展源起于艺术，相较于“纯艺术”的自我表达，构成带有更多的理性思辨成分，而相较于设计受限于生产与消费的环节，形态构成具有较大的自由度与探索空间。

2.1 产品形态与构成

产品设计师必须具备敏锐的观察能力、创新的欲望与能力以及对设计构想的表达能力。

产品造型设计的形态构成是依据产品的不同使用目的和欣赏要求，结合具体的工艺材料和工艺构思，通过一定的造型形态来实现的。产品造型设计形态构成的生成，大致归纳起来有三类：一是来源于自然的形态与人为形态；二是运用立体构成原理进行的形态创造；三是运用科技工艺特点进行产品形态创意。

同时，随着科技与文明发展过程中新需求、新可能和新问题的出现，造型设计作为体现人的设计，有其新的发展趋势，主要表现在为生态考虑而进行的“绿色设计”和更具人性化、体现人文关怀的造型设计两个方面。

（1）自然形态与人为形态的再造

物质世界的形态可分为自然形态与人为形态两个方面，自然形态是指自然界的原生物体，如动物、山川、植物等。人为形态是人类在劳动和生活中，在自然形态的基础上，主观地设计和建造所构成的物质形态，如房屋、衣物、工具、机械等。人为形态是客观与主观的结合，在客观形态中注入了人的精神内涵，体现人的主观意识和创造性的再造形态（图1–2–1）。如自然界中的植物，经过人为的主观设计，采用模拟手法，将芭蕉叶演变为装饰花瓶造型（图1–2–2）；自然界中动物造型的运用更加广泛，如玩具、礼品等（图1–2–3）。

图1–2–1 陶瓷仙人掌茶具 丹麦

图1–2–2 芭蕉叶白色陶瓷花瓶 景德镇

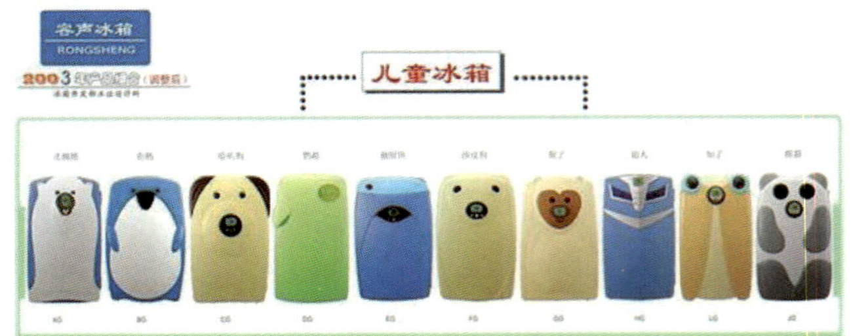

图1–2–3 容声儿童冰箱

此外，形态的再造还泛指间接地根据艺术大师的作品进行创造和应用。通过熟悉现代艺术的形态构成和对传统与创新、客观与主观、内容与形式的研究，进行形态再造。如赫里特·托马斯·里特维尔德的红蓝椅具有激进的纯几何形态和难以想象的形式（图1–2–4）；蒙德里安的作品《红黄蓝的构成》，在形式上，以利用处于不均衡格子中的色彩关系达到视觉平衡而著称，是纯视觉审美的艺术（图1–2–5）。可以说“红蓝椅”的形态生成创意来源于点线面的平面构成，也可以说是立体的点线面形态。

图1–2–4 红蓝椅 赫里特·托马斯·里特维尔德

图1–2–5 红黄蓝的构成 蒙德里安

（2）运用立体构成原理进行的形态创造

立体构成是一门研究如何在三维空间中将立体要素按照一定的规律组合成富于个性审美的立体形态的科学。其基本构成要素包括点、线、面和体，它们各有自身丰富的表情语意。立体构成便是借助它们在三维空间中构建出一定的量感和空间感，并且其形态要符合审美规律。

立体构成的原理，不仅强调方法和科学，也强调对客观世界各种形态的感受，包括对自然形态、几何形态和人为形态的感受、分析和认识。不仅要在正常条件下观察对象的形态特征，而且还要从宏观和微观的角度观察和认识对象的形态结构特点。从多方面分析对象，积累认识，把一切有助于形态构成的各种物质的形态和概念性的形态，都加以吸收，通过不同的方法使之转化变异，再根据具体设计的需要，加以处理，使之成为新的形态造型。

立体构成的原理，对形态基本的构成要素：点、线、面和体，既从几何学的角度建立科学的概念，又从造型心理学的角度分析对人的感觉作用，把科学的认识和感性的印象结合在一起，为形态的构成从最基本的成分上建立新的概念和认识基础。在各种形态的构成中，这对于运用基本构成要素发挥各自的特点、适应不同的方法都是很重要的（图1–2–6）。

图1–2–6　Bau吊灯　维贝利

（3）运用科技工艺特点进行产品形态创意

工业产品造型表现一定的情感、情绪和情趣，它不同于一般的造型艺术形象，即不是纯粹感性的产物。工业产品的造型设计是在功能效用的前提下，赋予其一定的感情色彩，是生活、科技、艺术相结合的产物。生活的具体要求起着主导作用，科学技术起着保证实现的作用，离开这两者，艺术也就无法满足人们的审美要求，也就不复存在了。因此，在工业产品造型设计的形态构成中，由功能形成的基本形态及由材料和技术形成的结构形式，都包含着数理的科学性、数学以及力学方面的知识，对于构成新的工业造型形态都是有益的，也是有效的。

在现代科学技术中，产生和改变物体形状的加工方式，例如，冲压、切削、扭曲、剪切，以及现代建筑的结构形式，对工业产品造型设计的形态构成的形成具有很大影响。这与形态构成方法的研究与应用是分不开的，开拓了造型设计的领域，出现了许多新颖优美的造型。

在现代工业产品造型设计中，我们还可以看到许多由纯粹几何形态或是几何线型构成的造型。有用几何作图的方法做出来的造型，也有用几种典型的几何线构成的造型，以正圆线、椭圆线、抛物线、双曲线、垂直线等构成的造型形态。这些造型有的是采用整个线型构成造型形态，有的则是截取其中的一部分构成造型形态，也有把两种结合起来应用的（图1–2–7），这些形态的生成都离不开加工工艺的特点。在工业产品造型设计中，这些造型形态有不少成功范例，如图1–2–8所示的“in–ei”灯具，通过几何学原理折叠，把物体从2D转变为3D的设计思路可以很好地解决物品的运输问题，便于存储与携带，而且几何形态本身同样具有迷人的魅力。

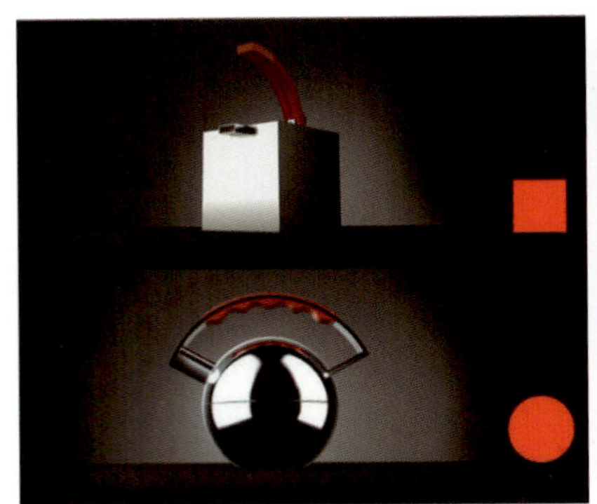
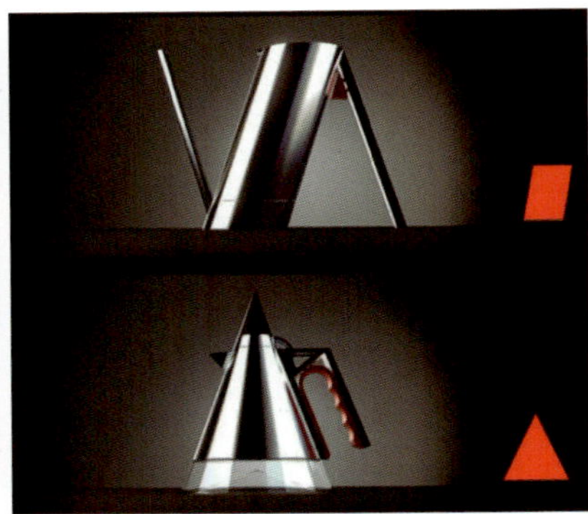
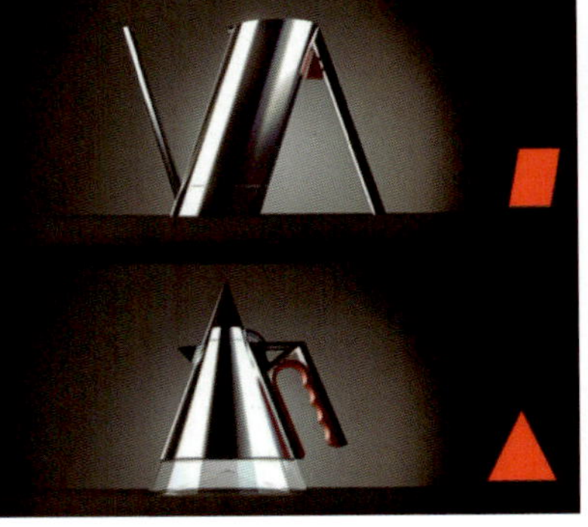

图1-2-7 运用现代机械加工工艺方式制作的几何形态水壶

图1-2-8 “in-ei”灯具 三宅一生

2.2 构成艺术在现代设计中的应用

如图1-2-9所示的SOHO中国为现代构成艺术在建筑领域中的实际运用。该建筑设计中所有的人工元素，都与原有的风景丝丝相扣，边缘经特殊处理。这样做的效果使建筑的五个部分仿佛是从北面的山脉自然延伸出来的，而不是建在地上的。整个建筑形态来源于自然形态的再造，将自然形态进行了简洁化处理，突出了线条的秩序感和构成感，即给人以融入自然的视觉感受，又具有现代设计简洁理性的特征。

图1-2-9 SOHO中国 扎哈·哈迪德 英国

日本设计师深泽直人设计的一款腕表只用了黑白两色，表盘留白，没有任何刻度或文字，只在时针上打上了三宅一生的logo。构图上12格时间刻度简化为结构形体中的十二边形顶点，剩下干净利落的时针和分针，明快的黑白对比，黑色时针和分针在留白表盘上的视觉穿插，在对比中寻求统一。这比功能主义多了一份细腻和温和式的简洁，在简洁中又不失高雅，是契合了功能的简洁，是简洁的更高层次（图1-2-10）。

三宅一生2011秋冬女装秀的开场展示了从“纸样”到成衣的设计过程。其立体廓型、几何图案、曼妙的色彩变化，将三宅一生的设计精髓逐一展现（图1-2-11）。

总之，随着社会和时代的不断进步，现代构成艺术已经成为设计界一项基础和不可忽视的内容，并且广泛地影响和应用于建筑设计、环境艺术设计、工业产品设计、服装设计等与人类生活息息相关的各个领域，同时其内容也在它们的影响下更加完善和丰富。

图1-2-10 手表设计 深泽直人

图1-2-11 服装设计 三宅一生

第三节 形态设计与构成的关系

3.1 构成的含义

“构成”一词源于20世纪初前苏联的构成主义运动。它是一种造型活动，重在“构”字。构成，即对具象形态分解与抽象提取之后，将得到的造型元素按照美的本质重构的过程。因此，与其他造型艺术不同，构成不注重结果，而是重在过程，一个观察分析研究的过程、逻辑思维训练的过程、抽象审美感知的过程、分解重组创造的过程。在步步深入研究的过程中积累并扩展审美体验，培养创新意识，强化形象思维能力；在众多成功与失败的尝试中寻找最直接最纯粹的表达方式。

构成是偏理性的，研究美的本质，运用逻辑思维重塑形态；构成也离不开感性，因为知觉与情感才是接近美的唯一途径。构成是数理与美的结合是逻辑思维与形象思维的结合，更是感性与理性的结合。

3.2 构成的思维

构成的思维主要包括发散思维、聚合思维、直觉思维、逻辑思维、逆向思维和形象思维。在形态构成中，要将多种思维有机结合起来，共同完成形态的创造。

（1）发散思维

发散思维（求异思维）指改造记忆中的表象、重新组织造型要素，并从多方向去思考和探索某种创新性的形态。只有通过有效的发散思维将已有的造型要素从各种联系和各种角度做重新组合，才能提出多种方案，也才能有利于进行深入的分析与综合，以便从中优选出最好的形态。如图1-3-1中的电水壶，通过色彩变化和造型的微小不同，寻求系列化差异，扩大选择空间；图1-3-2中的瓶子，色彩材质近似，造型不同，寻求视觉变化。

图1-3-1　模块化电水壶　Jean Baptiste Fastrez

图1-3-2　吹制玻璃　Joe Cariati

（2）聚合思维

聚合思维（求同思维）用于将分解的基本要素聚合组构或在各种方案中对比、优选出一个最理想的方案。发散思维与聚合思维的有机结合，是思考与探索的基本图式，创造性想象是构成思维的重要环节。图1-3-3中三块叠加的鹅卵石造型相似为求同思维。

（3）直觉思维

直觉思维是指突破原来的知识领域，通过“浓缩”“转移”“象征”，使“异质同化”“同质异化”，不完全强调逻辑推理性的思考，更多的是从感性思维的方式强化视觉意识（图1-3-4）。

图1-3-3　香薰台设计

图1-3-4　幽灵椅　Valentina Glez Wolhers　意大利

（4）逻辑思维

逻辑思维（抽象思维）是指分析形态构成的各种独立成分，并列出各独立成分所包含的多种因素，然后将各种因素做排列组合，从而获得多种造型方案（图1-3-5）。这种方法既可避免先入为主的影响，也可避免单凭头脑思索而挂一漏万。

（5）逆向思维

逆向思维是指逆向的逻辑推理，从数理到形象，打破常规，以反透视、反空间的方式构形。如图1-3-6所示，变换观察角度，可以看到空间错位的视觉效果。

图1-3-5　学生色彩练习

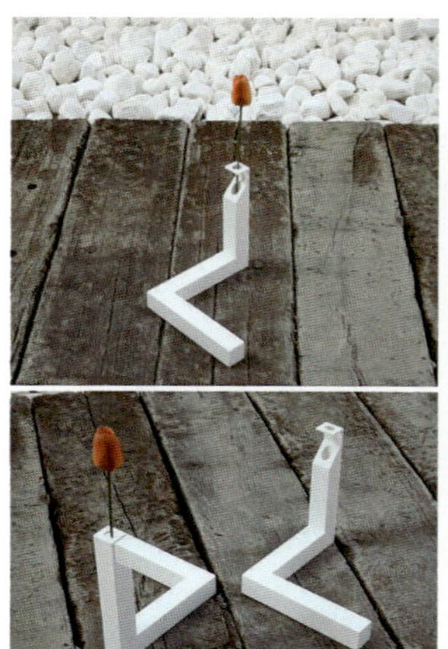

图1-3-6　空间错位花瓶设计

图1-3-7　想象设计

图1-3-8　蛋椅　Arne Jacobsen

（6）形象思维

形象思维是指无论是抽象形态还是具象形态，只要运用视觉形态，都要靠形象思维（图1-3-7、图1-3-8），从某种意义上来说，脱离具象描摹的抽象、意象形态创造更需要较强的形象思维能力。

3.3 构成的意义

形态构成是研究形态和构成形式的学科，作为设计的基础，形态构成在于着重培养人的形象思维能力和设计创造能力，把注意力集中于造型能力的训练，通过抽象形态来体验抽象的形式美。由于功能、材料、技术等因素对形态的影响，因此在形态训练中这些也是需要考虑的因素。

首先，更新艺术理念，强化造型意识。构成设计并不是一种具体的方法，也不是类似数学计算中的公式运用。它是一种思想姿态，是一种对形式语言的探究。构成设计不仅探索那些形态符号与结构，还要探索使人们对周围环境做出个性反应和独特表达的语言。它不应局限于自身范围之内，而应不断培养控制各种表现力的能力，以及对各种构成产生审美感觉的好奇心。

其次，训练思维，扩展能力。通过大量的构成训练把握形态与审美的关系，扩展思维与体验。构成训练是一种形式上的探索，让思想与形式更有机地融合在一起。这是一个有效的方法，培养艺术语言和表现能力。大量的形式训练能丰富艺术的思维技巧，获取运用艺术符号的自由。

第三，探究艺术本源，破解形式美的规律。注重对造型要素进行分解和构成的研究，从中寻找平面、立体以及色彩造型的基本形式特征与形式美的规律，分析形态所带来的审美心理，研究形态结构美学的学科，通过对各构成要素以及形式特性的研究，来把握形态元素在构成中的特殊艺术语言和形式在视觉审美中的意义。如图1-3-9所示的手机外壳，背面花纹设计利用材料特性，将经纬度上密集的点做发射形态的变化，构成了富有变化的肌理效果；图1-3-10中的车前面罩花纹点采用了点的密集构成，加强视觉运动感。

第四，新兴材料的运用使创作者充分体验到抽象造型的时代感以及材料对形态的影响，从而进一步发现美和探索创造形态的无限可能性。设计的任务就是要根据人类的不同功能需求去创造。每一时代的生活方式与审美心理都有一定的差异性，设计者必须依据现代科学的水平，掌握各种技术和材料，熟悉有关条件与限制，运用人体工程与价值工程，了解各种形态给人类审美心理所带来的不同感受，以便实现预想的效果。艺术不是以一些静止的概念为基础的，艺术是在不断演变和扩展的。如有机玻璃一次性成型技术的诞生，体现出材料对结构和造型的影响。图1-3-11中有机玻璃座椅设计采用连贯的成型工艺让造型无多余结构；图1-3-12中的无轴自行车运用简单轻巧的结构，打破了传统自行车固有的笨重感。

图1-3-9　手机外壳设计

图1-3-10　小型交通工具前面罩设计

图1-3-11　有机玻璃座椅　美国2-LA设计工作室

图1-3-12　无轴自行车　Gianluca Sada　意大利

3.4 形态设计与构成的区别与联系

形态设计与构成有着必然的联系。形态设计是一个综合体，包含了点、线、面、体、色、光、质、空间、结构等各种构成要素，这些构成要素是设计的根源和基础；设计以构成理念的形成为依据和思维的基础，将构成的方法与规律灵活地运用到设计实践活动当中；构成为设计建立素材库，在构成中寻找新的设计形态，寻找既有形态新的感受；构成一旦接触了目的和功能就可以发展成为完整的设计，对设计具有广泛的指导作用。

形态设计与构成又有明显的区别。设计是以现实实用为目的的任务，受到地域经济文化的限制。而构成则是以理想美探索为目的，它可以远离现实，不受时代、地域、民族的限制，自由地发挥创意。

3.5 构成元素在产品形态设计中的应用实例

图1-3-13中的花洒运用点线形式法则设计，将水纹抽象表现，增强视觉美感和功能视觉。图1-3-14中的座椅运用有机曲线与弧面组合设计，加强视觉对比，同为弧度设计在形式上体现调和，使设计虚实结合、对比调和，具有明快的构成感。图1-3-15中冰箱的中间分割线很好地破解了体块感强烈的实体，花纹肌理增加细节美感，也能破解体块的沉闷。图1-3-16中的智能气体检测器，方圆结合，方形尖角换成圆形过渡，运用了对比与调和的形式法则，加强形态的构成美感。

图1-3-13　花洒设计

图1-3-14　座椅设计

图1-3-15　海尔对开门冰箱

图1-3-16　ORVIBO智能气体监测器

思考与练习

1. 形态构成包括哪些要素?

2. 分析逻辑思维与直觉思维在构成中所起的作用。

3. “形态”与“形式”有何差别?

4. 针对某一类自然景物（比如蘑菇或树叶），收集尽可能多的案例，画出它们的轮廓线和结构线，然后观察、对比发现它们的形态特点，并总结它们是如何通过自身形态给予生命力的感受。

5. 针对某一类产品（比如加湿器或者电热水壶），收集尽可能多的形态，并将它们的轮廓线画出，然后进行对比，寻找它们的共同点和差异点，同时分析不同的心理感受。

6. 分析积极形态与消极形态各自特点与相互转换，在生活中寻找设计案例。

7. 寻找产品设计中利用视错觉原理的案例，并分析它们如何利用视错觉来达到强化视觉的效果。

第二章　形态构成基础

第一节　平面构成

平面构成研究的是二维空间中形态的基本形象、视觉特征、构成形式以及形式美法则。通过对形态进行分解、提取、重构的训练，感悟形式的美学本质，培养理性的设计理念，拓展视觉形象的创意思维，为将来的设计实践奠定基础。

基本形象：点、线、面。

视觉特征：形状、大小、色彩、肌理、方向、位置等。

构成形式：重复构成、近似构成、渐变构成、发射构成、特异构成、密集构成、分割构成、对比构成、肌理构成、空间构成等。

形式美法则：和谐、对称、均衡、韵律、秩序、材质、肌理、比例、结构、层次、渐变等。

1.1 平面构成的基本形象及其视觉特征

点、线、面既可视为从自然形态中分解出的基本单位，也可视为对自然形态的简化符号。两者都是人们在面对复杂自然物象时选择的抽象解读方式。美的本质不在于表象，而在于结构及运动的本质，因此，纯粹的点、线、面也能表达美。

1.1.1 点的感知与运用

（1）点的界定

点是造型语言中最简洁的形态，是一切形态的基础。点的移动可以变化出线、面、体。它可以是积极独立的点，如标点、雨点、星点、光点等；也可以是消极隐退的点，如线的起点、终点、相交点，锥体顶点、透视焦点等。人们对点的界定不是由点自身大小决定的，而是取决于观者的心理承受能力。再小的点微观地去看，也是体面，再大的体面宏观地去看也可视为一点。可见，点是相对于人的视域体量细小的形态（图2–1–1）。

图2–1–1　自然界中的点

（2）点的视觉特性

在视觉上，点是体量较小的形态。但看上去单一弱小的点却具有与其体量不符的巨大能量。从造型上来讲，点具有确定位置、凝聚视线的作用。点还因数量、形状、位置、大小、色彩的不同而呈现出多样的视觉张力。

① 数量因素。

点具有很强的向心性，当空间中只出现一个点时，点会凝聚观者的视线，在区域内形成一个力的中心。因此，一个点能够确定位置，具有集中醒目的视觉冲击力（图2-1-2、图2-1-3）。

图2-1-2　点的视觉集中

图2-1-3　Apple产品logo设计的位置

当空间中出现两个点时，点与点之间存在视觉心理上的引力感。点各自的向心性会吸引观者在两点中比较、选择，从而产生视线移动。完全相同的两点会使观者难以做出选择，两点在视觉上连成虚线。大小不同的两个点，物理能量上的差异使面积大、较实的点的引力更强，小点有向大点移动的趋势。此外，引力的大小与两点之间的距离也有关系，距离越近引力越强（图2-1-4、图2-1-5）。

图2-1-4　太阳与小船之间的视觉引力

图2-1-5　相同形状功能部件之间的距离设计

当空间中出现三个点时，视线在三个点之间移动，在视觉上会产生虚面效果。随着点的数量的增加，虚面的感觉随之增强，而点的个体引力与独立性变弱。画面也容易变得涣散、凌乱。此时，就要控制好点与点之间的形态、位置、大小、方向等关系，用节奏韵律规避无序（图2-1-6、图2-1-7）。

图2-1-6　天体现象

图2-1-7　产品中点的相互位置设计

② 形状因素。

点的不同形状特征也可引发不同的情绪和联想。如圆形的点有一种圆满、跳动的灵动感；方形的点因具有方向性，不同的排列会产生或秩序或多样的视觉效果；三角形或多角形的点，因尖角的张力产生图地上丰富的力的变化；不规则的偶然形成的点具有自然、生机盎然的感觉。轮廓明确的点饱满有力、实在果断；轮廓模糊的点含蓄内敛、轻飘虚幻（图2-1-8、图2-1-9）。

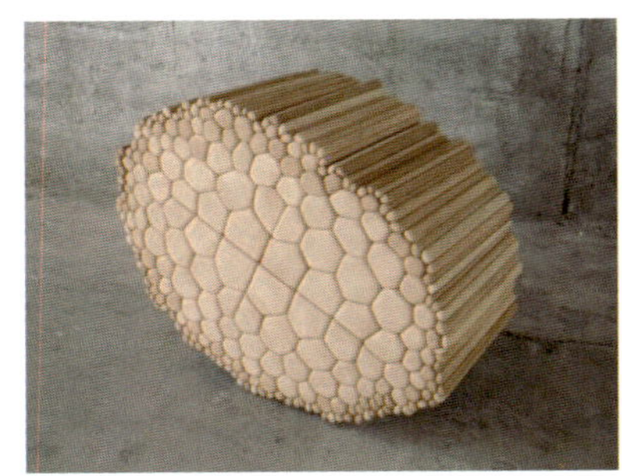

图2-1-8　木雕作品　Ben Butler　美国

图2-1-9　产品中点的形状设计

③ 位置因素。

在二维平面空间中，当点处于高位时，因重力下坠感在知觉上会产生不稳定的紧张感，形成视觉张力；当点处于低位时，因重力而产生的紧张感消失，此时的点变得踏实稳定；当点偏离平面中心位置时，会产生重心失衡之感。众多点的不同秩序排列会产生不同的律动感；众多点的自由排列又会产生一种自由浪漫的闲适效果。点会聚集成线、面的效果，点之间的距离决定了线或面的虚实程度。如图2-1-10中Thinkpad小红点的设计，点位于整个底板的中心位置，视觉效果醒目突出，在功能上位于触摸板的正上方，便于单手操作。图2-1-11中的火山系列加湿器，主点为最顶端的大体量发光点，在观察整体形态时，顶端的发光点具有向上升的感觉；当视觉落在下方指示灯的小点时，与大点形成体量上的强烈反差，使大点向线的形态转化，从而与下面的小点形成视觉心理上的倒三角形。图2-1-12中罗技G302鼠标最下方的蓝色logo点，能增加心理稳定感。

在平面构成中，处理点与点之间的空间关系有分离、接触、重叠、层叠、残缺、联合等几种方式。

图2-1-10　Thinkpad小红点的设计

图2-1-11　火山系列加湿器　Dae-hoo Kim　韩国

图2-1-12　罗技G302鼠标点的设计

④ 大小因素。

在平面构成中，形态相对于画面的大小不仅作为区分点、面性质的界定条件，而且影响着点的物理能量。形态越小，点的属性越强；形态越大，视觉的凝聚力越弱，并向面的属性过渡。位于画面中的点，受到来自画面边框与画面空间两方面的力。画面边框会对画面中的点产生引力，点越大，距离边框越近，边框的引力越强，大于画面空间对点的压力，使得点具有膨胀的感觉；相反，当点较小时，边框对其的引力减弱，画面空间对点的压迫增强，使得点具有收缩的感觉。此外，由于近大远小的视觉习惯，平面构成中的点还会因大小、虚实的变化产生凸凹起伏的空间感（图2-1-13、图2-1-14）。

图2-1-13　贝乐卫浴音乐花洒顶喷

图2-1-14　飞利浦车载蓝牙音箱

⑤ 色彩因素。

同样的点在不同背景的衬托下会产生大小、色彩不同的视觉变化；同样的背景下，一定强度的对比下，灰暗、阴冷的色点有消极、后退、缩小之感，鲜亮、温暖的色点有积极、前进、膨胀之感；相同的色点，改变周围空间的色彩，点的视觉效果也会随之变化（图2-1-15、图2-1-16）。

图2-1-15　色彩的后退与前进

图2-1-16　点的色彩展示设计

（3）构成中的点

① 画龙点睛之点。

单独的点以它简明、独立、凝聚的特性在构成中起到不可忽视的作用。与其他构成形式配合，能起到均衡画面、画龙点睛的作用。希捷子品牌LaCie的新品“Fuel”是一款无线存储装置，橘红色的拎手，很好地提示了关注的目光和功能（图2-1-17）。

② 秩序点的构成。

点的秩序排列会产生明显的理性秩序的感觉，但控制不好就会显得呆板沉闷，因此，点的秩序构成需要注意在秩序中寻求变化，追求节奏、韵律感（图2-1-18、图2-1-19）。

图2-1-17　希捷“Fuel”无线存储装置

图2-1-18　秩序构成（学生习作）

图2-1-19　华为蓝牙耳机

③ 自由点的构成。

自由点的构成强调无序、自由，但多变的排列状态容易造成混乱无序。因此，自由点的构成要以画面中隐含的统一性为基础，如在点的形状、大小、方向、色彩、动势等方面寻求一定程度上的统一性。朗香教堂（The Pilgrimage Chapel of Notre Dame du Haut at Ron-champ），位于法国东部索恩地区，1950～1953年由法国建筑大师勒·柯布西耶（Le Corbusier）设计建造，1955年落成。教堂墙面的窗户自由错落，通过点的大小、形状、位置的强烈反差，突出了自由与个性，但又统一在隐含的黑白色调和矩形的秩序中（图2-1-20）。如图2-1-21所示为奥地利的一所学校，白色的墙面镶嵌着几何框架的窗户，具有视觉点的特征，简洁且有构成感，与朗香教堂的窗户设计形式异曲同工。图2-1-22所示为Nerone生物壁炉，可像绘画作品一样悬挂起来，优美精确的轮廓，就像一群小型的建筑物，密集且自由的点构成建筑物窗户的形式，当壁炉点燃时呈现出丰富的火焰效果，星星点点犹如万家灯火。

图2-1-20 法国朗香教堂 勒·柯布西耶

图2-1-21 奥地利一所学校 MAGK + illiz architektur

图2-1-22 Nerone生物壁炉 James Di Marco

（4）设计中的点

点在空间设计中是力的中心，能够起到表明位置的作用。当点处于环境的中心时，这个环境就有一种向心力，也最为稳定。这是因为点作为力的中心，控制着周围其他事物。当点发生偏移的时候，就会造成视觉上的紧张感，打破了原本安静稳定的空间，使之变得生动活跃。

在一个空间中，如果有多个点进行排列、秩序、组合，就会形成“点群”。有规律排列的点会产生对称、稳定、节奏和韵律感，在一定程度上有很强的视觉吸引作用。如图2-1-23所示，大小不同位置多变的密集点作为主要视觉元素，让人联想起自然界中的晨露，洁净的色调，浅浮雕在光影的作用下更加强了露珠的轻盈透明。图2-1-24中的冰箱表面自由点的疏密变化，给人以春天樱花纷纷飘落的唯美意象，给几何形态赋予了自然生命的美感。

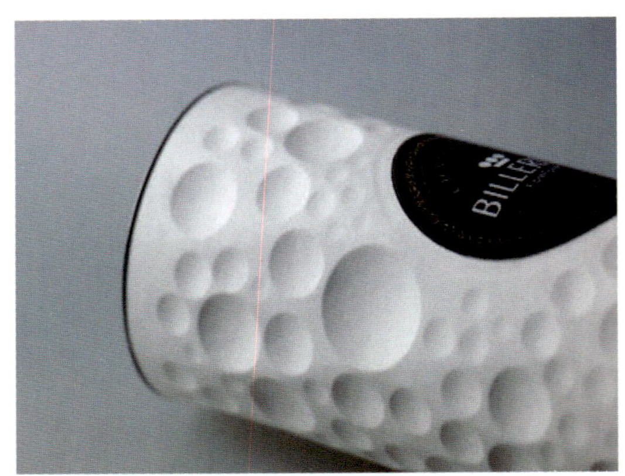

图2-1-23 FibreForm纸质包装材料 Billerud公司

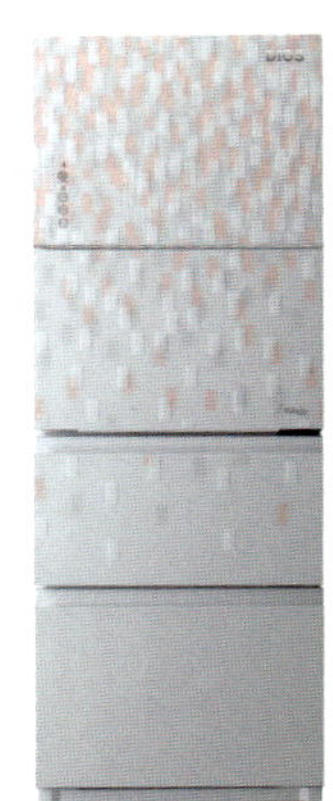
图2-1-24 LG GR-K40DFML冰箱

1.1.2 线的感知与运用

（1）线的界定

在几何学上，线是点移动的轨迹，具有长度、方向和位置的性质，但不具备宽度。在造型学上，线还可以是形的边界、体的棱边（图2-1-25）。除了长度、方向、位置之外，线还有宽度上的粗细变化和色彩上的浓淡虚实变化。在现实生活中，我们把长宽比例极其悬殊的形体都称为线，如电线、丝线等。

（2）线的特性

线相较于点不仅具有更大的体量，而且有方向上的变化，因此线具有更多的特性。

① 概括性。

线具有高度的概括性与抽象表现性。线既可描述形的边界、轮廓，又能归纳体的组织结构，还能以线的情绪变化直接影响形的性格表达。线能将复杂的客观形体与主观情感浓缩于简洁的线条中，以线条为主要手段的艺术再现创作中需要具备卓越的造型能力和对事物的感悟能力（图2-1-26）。

② 运动性。

线是点移动变化的轨迹，因此线本身就具备了运动的基因。线的方向性特质使线在不同的组织编排中会产生动静不同的力象变化，进而形成或聚集、或扩散、或流动的运动趋势（图2-1-27）。

图2-1-25 SK II 化妆品包装

图2-1-26 招贴画设计

图2-1-27 汽车表面光影线

③ 空间性。

有运动就会有方向。垂直、水平、倾斜是线在二维空间上的延展变化。在三维的视觉经验中，还存在着一种隐蔽的线，叫透视线。空间中，形体的外轮廓与内结构都可通过具有透视变化的线条再现远近不同的立体空间（图2–1–28）。

④ 表意性。

思想、情感与审美都具有运动的本质。运动的特性使线条更能牵动人敏感的知觉神经，与人的心灵产生共鸣，使线成为最具情感性质的造型语言。线条不仅能够表现轻、重、缓、急、软、硬等物的特性，还能够表达喜、怒、哀、乐、悲、恐等人的丰富情感。线条中蕴含着鲜活的生命力，能寄托各种情感。

如图2–1–29所示是来自设计师Antonio Lupi的一款非常有创意的一体式洗手盆设计，从墙上隆起的优美曲线，配上蓝色的灯光，仿佛飘荡在温暖的海洋，又仿佛身处漆黑太空中的救生飞船。

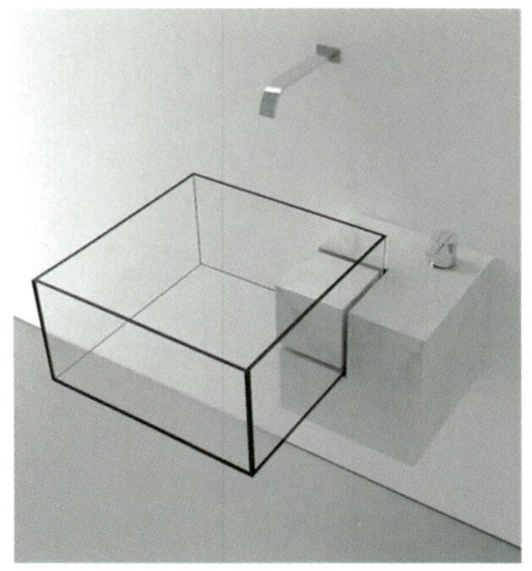

图2–1–28　创意三维感洗手盆

图2–1–29　“silence”一体式洗手盆设计　Antonio Lupi

⑤ 多变性。

线介于点、面之间。虚线可散成点；排线可聚成面；实线可围成形。线的表情可随着形态内外因素的变化及不同组合方式而呈现出或轻快或厚重、或闲适或紧张的丰富变化。因此线在所有视觉元素中最具生命活力和鲜明个性（图2–1–30、图2–1–31）。

图2–1–30　汽车表面整体光线的变化

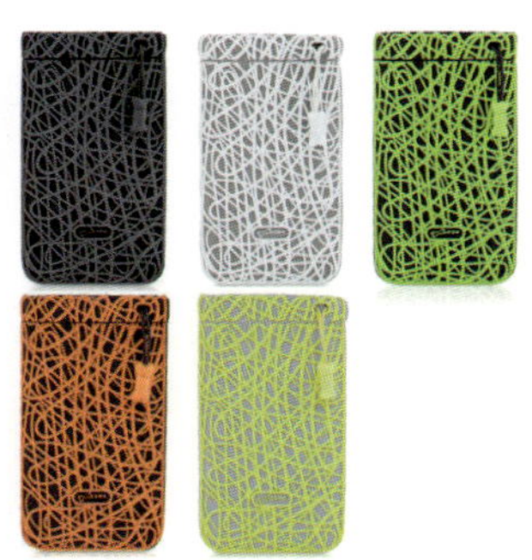

图2–1–31　Phone Scribble手机收纳袋

（3）影响线条视觉特性的因素

① 曲直。

直线——具有男性的阳刚之美。硬直、简明、坚定、锐利、直率、果断、理性、冷漠、严肃。直线具有力量的美感。

曲线——具有女性的阴柔之美。优雅、高贵、圆润、弹性、温暖、柔和、感性、轻快、细腻。曲线富于律动的变化。

曲折线——兼具直线的力量与曲线的变化。曲折、不安、紧张、焦虑、伶俐、机敏、攀升。曲折线具有稳重有力及前进的视觉效果（图2–1–32）。

② 方向。

水平线——给人以稳定的感觉。平静、安定、无争、祥和、均衡、平稳、延展、广阔、温顺、舒适。在造型中起到规范、稳定和调和的作用。

垂直线——给人以高耸的感觉。严肃、庄重、坚毅、挺拔、直接、明确、刚正、下落、生长、希望。在造型中同样能起到规范、稳定和调和的作用（图2–1–33）。

倾斜线——给人以运动的感觉。飞跃、积极、活力、倾覆、动荡、敏感、善变、不稳定。在造型中能起到激活、变化和对比的作用（图2–1–34）。

图2–1–32 沙特阿拉伯首都利雅得地铁站 扎哈·哈迪德

图2–1–33 建筑设计

图2–1–34 树形书架 Kostas Syrtariotis

③ 粗细。

粗线——给人以力量的感觉。成熟、稳定、厚重、坚实、有力、可靠、醒目、凸出、粗钝、迟缓。在造型中起到支撑、负重的作用。

细线——给人以敏锐的感觉。敏感、纤弱、轻盈、不安、锋利、紧张、后退、速度、干练、神经质。在造型中起到灵动、点缀的作用（图2–1–35、图2–1–36）。

中国台湾实践大学的Lin Chien–Li和Liao Yu–Hsuan把近乎失传的中国传统纸模工艺和现代家具设计理念融为一体，用一层层的纸设计出了这些名为“PAPEL”的系列纸模家具。该设计模仿了自然生态结构树木的粗细变化和自然的生长规律，既有粗线的厚重稳定，又有细线的灵动变化，在光影的作用下呈现虚实空间的视觉变化。这套家具包括椅子、凳子和桌子，家具的腿贯穿始终，仿佛是埋在地下洞穴中的根。设计师希望表达“珍惜你现在有的”“环保”“使用一生的家具”这些概念。虽然用纸做成，但其结实程度和使用寿命堪比木制家具。“PAPEL”获得iF2013年概念设计奖（图2–1–37）。

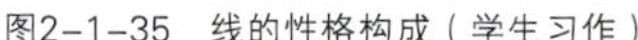

图2-1-35　线的性格构成（学生习作）

图2-1-36　迪拜建筑

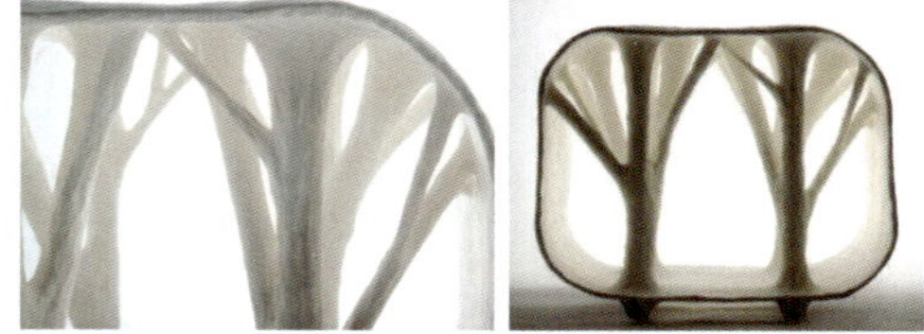

图2-1-37　“PAPEL”系列纸模家具
Lin Chien-Li、Liao Yu-Hsuan　中国台湾

④ 明暗。

浓线——给人以实在的感觉。厚重、强烈、前进、明确、肯定、自信（图2-1-38）。

淡线——给人以虚幻的感觉。轻飘、虚弱、后退、含蓄、谦虚、羞涩（图2-1-39）。

⑤ 规律。

秩序的线——秩序感强的线。直线、几何曲线都需要借助绘图仪器制作完成，因此具有理性、规整、严谨、大方的特点，但同时也给人以机械、冷漠的感受。在线的组织排列上也可按照一定的数的序列变化体现出规律性、秩序性（图2-1-40、图2-1-41）。

图2-1-38　海报招贴

图2-1-39　Viannos橄榄油瓶身花纹设计

图2-1-40　古韵窗格创意古风黑檀金丝楠黄花梨木书签

图2-1-41　“成都·宽窄巷子”导视系统

秩序的线需要在线型、线质、位置、方向上保持相当程度上的一致性，强调其中的秩序性、规整性。运用垂直线、水平线、斜线、弧线等的组合、构成与布局，实现整齐、端正、对称性、秩序的美感及强烈的形式感（图2-1-42）。

秩序的线及线的组合比较明确，易于理解，能给人以牢固、安定、规整之感，因此成为现代社会环境的基调。在运用秩序线进行构成设计时要注意寻求变化与动感，用充满生机的结构形式冲淡秩序理性带来的工业化的冷漠之情。

自由的线——隐含秩序的线。自由曲线以及徒手画的线带有多变的可能性，与人多变而复杂的情感交相呼应，给人以联想和回味。自由的线打破了规律性，具有自然、优美、温情、跳跃、随意、自由、流动、活力的视觉张力。在运用自由线进行构成设计时要整体把握内在的气韵节奏，这种节奏并不是刻板的数列变化，而是要有大的运动趋势，否则就会显得杂乱无章（图2–1–43）。

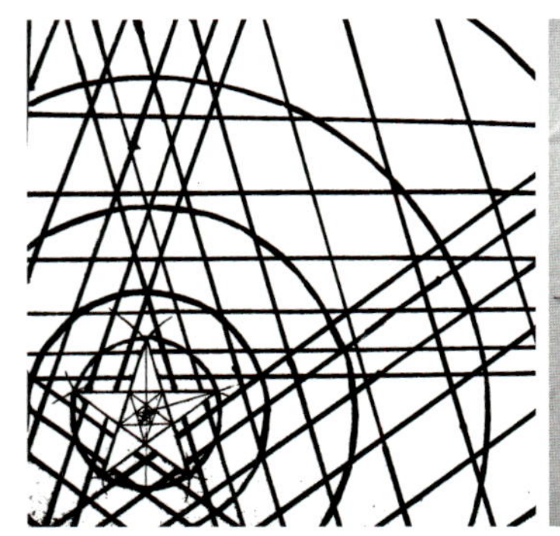
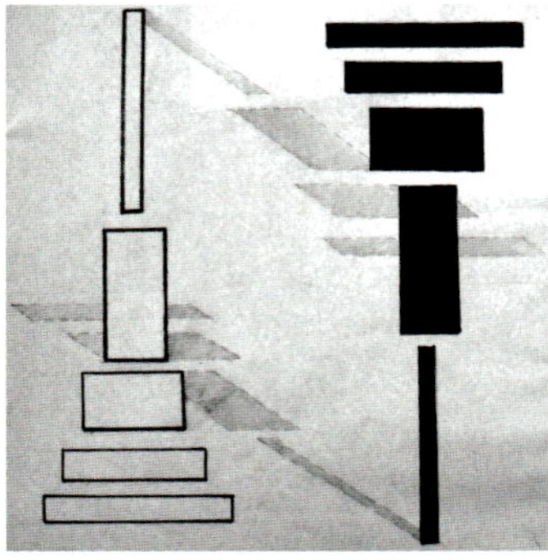

图2–1–42　秩序线构成（学生习作）

图2–1–43　自由线的构成（学生习作）

自由线的构成并不是限定在自由曲线上，而是直线、曲线、曲折线等线型单纯或综合运用。自由线的构成强调线在组织关系上的自由性，突出线条的多变性、运动感，传达更为自然、生动的感情（图2–1–44、图2–1–45）。

杂乱的线——毫无秩序的线。给人混杂不明的感觉。毫无秩序的线并不等于是毫无用处的线。在表现混乱、崩溃、烦闷等情绪状态时与它所具有的复杂性、无序性刚好契合（图2–1–46）。

图2–1–44　Viannos橄榄油包装设计

图2–1–45　裂纹瓷杯

图2-1-46 “大岭山杯”金斧中国家具设计大赛获奖作品

1.1.3 面的感知与运用

（1）面的界定

点、线的聚集、移动可形成面，线的交织、围合、封闭也可形成面。在造型学上，相对点和线，面是较大的形，占据着长与宽的二维空间，具有位置与方向特征。但因面是由点、线变化而来的，因此，面的形貌与点、线的性格表情关系密切。点、线的聚集密度决定了面的虚实；线不同形态、不同方向的规律移动决定了面的形状；“外轮廓线”的性格决定了面的性格。在二维平面空间中，画面中除了点、线元素，剩下的空间都可称为面或形。无论是积极的正形还是消极的负形，也无论是紧凑的“图”还是松散的“地”，都是画面中地位平等、缺一不可的面型（图2-1-47至图2-1-49）。

图2-1-47 纸做的家具 Giles Miller 英国

图2-1-48 北欧丹麦家具设计

图2-1-49 我的背后——椅子 张剑

（2）面的视觉特性

① 充实感。

面因具有长度与宽度而形成面积，在视觉上给人以宽阔、饱满的充实感。在平面中，面型占据着除点、线以外的所有空间，比点与线具有更大的物理能量。面型可以在形态、色彩、动感、意象上寻求更强烈、丰富的表现（图2–1–50）。

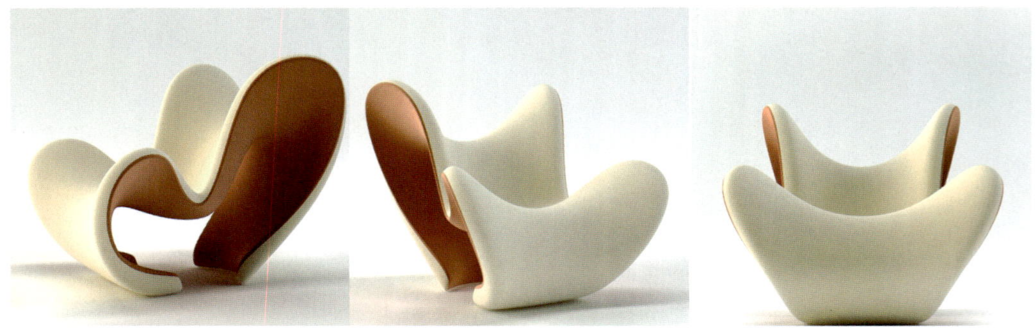

图2–1–50　M lounge chair沙发椅　Velichko Velikov

② 层次感。

在面型之间的空间关系处理上，可以有多重表现方式。如分离、接触、透叠、交叠、差叠、联合、减缺、重合等方法。不同的方法可呈现出两形不同的空间关系。在明度的把握上，可以通过拉开黑、白、灰层次，暗示出形与形之间的前后空间关系。结合色彩与肌理的表现，形的层次感会更加丰富（图2–1–51至图2–1–53）。

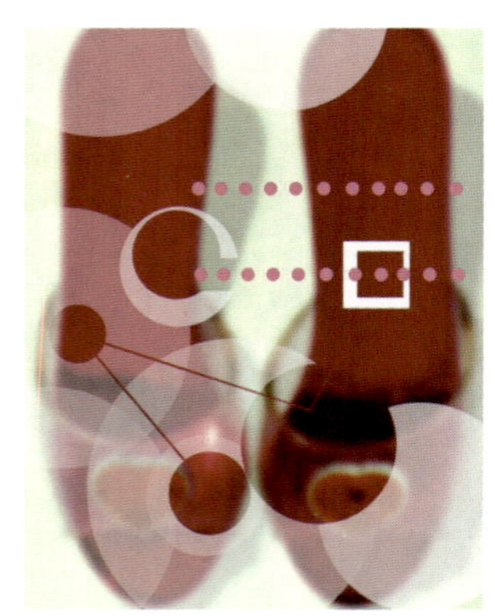

图2–1–51　层次丰富的抽象图形

图2–1–52　MOSS镜子　Busetti Garuti Redaelli

图2–1–53　“吃豆”创意沙发

③ 整体感。

在平面构成的造型基本元素中，面是最高的级别，是点线变化的结果。因此，面型在视觉上能给人以充实、饱满、完整的感受。点的密集组合、线的密集排列所形成的面先天就带着整体统一的基因。在画面中，临近的两形往往共用一条边线，受到共用轮廓线的限定，在形态的风格上与动势上都能达到契合与统一，从而使画面整体统一（图2–1–54）。

④ 意象性。

人类的知觉系统倾向于把来自外部的刺激样式归纳成最简洁的方式去感知。因而，在看到圆形、三角形等简单形状时，我们也能够将其和笑脸、地球、高山、金字塔等现实形态联系起来。如果是经过艺术加工后的简洁艺术形象，形态的暗示性、引导性会更加明确、清晰。观者能够从有限的形态中感受到超出形态语言局限之外的广阔空间，如从天上飘动的白云和邻舍墙上的斑点中获得创作灵感（图2-1-55、图2-1-56）。

图2-1-54　餐具设计

图2-1-55　波浪洗手池　Joel Roberts

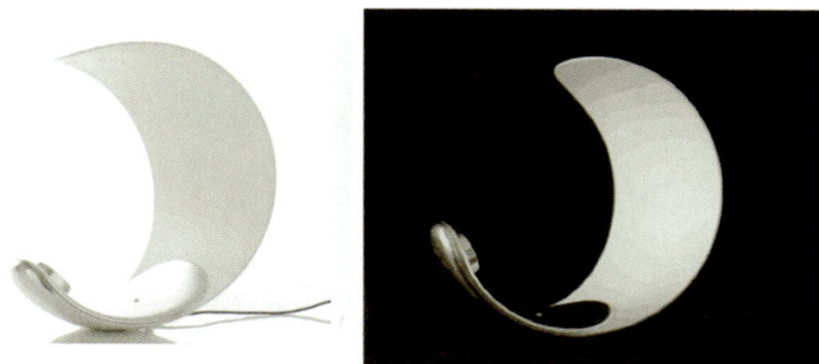

图2-1-56　“卷曲”台灯　Sebastian Bergne

（3）面的种类及表情

面型从总体上可分为几何形和任意形。

① 几何形强调造型的秩序性、规律性。在视觉上给人一种单纯明快、整齐有序、舒适完整的心理感觉。因几何形需要要借助制图工具来规整形态，因此又给人以理性抽象、规整严谨、机械冷漠的视觉效果。

几何形又可分为直线几何形和曲线几何形。

直线几何形如正方形、长方形、三角形、五角形、梯形等。因直线刚毅的男性化特征，因此在直线几何形中，方形稳定大方、肃穆坚定；角形明朗锐利、变化扩张。直线几何形状具有显著的方向性特征，因此，方向上的改变对形态具有很大的影响。比如长方形宽边垂直于地面则沉稳、平静，长边垂直于地面则挺拔、肃穆；三角形正放则平稳、安定，倒置则不安、下坠。

曲线几何形如正圆形、椭圆形、卵圆形等。因几何曲线的饱满、柔软的女性化特征，因此在曲线几何形中，圆形给人以完整、和谐、循环、运动的感受；椭圆形带有正圆透视变化的空间感；卵圆形给人以生命的联想（图2-1-57）。

② 任意形不借助制图工具，强调造型的富有变化、随意想象。在视觉上给人以自由、洒脱、生机、自然的感受。

任意形又可分为自由形和偶然形。

自由形是在人的主控下产生的形的自由与变化，可以任意运用直线与曲线的变化。曲线变化多则形态随性自由、温情浪漫、闲适散淡；直线变化多则形态冷峻生硬、紧张多变、冲突扩张。

图2-1-57 三角木碟 物应家居

偶然形强调图形产生的偶然性和不可复制性，形态不以人的意识为转移。如泼溅、撕裂、揉搓、印痕等方式得到的形态，还有自然形成的形态，如岩石表面的花纹、墙壁上的菌斑、天空中的云像、夜景中的光迹等。偶然形能够激发想象、释放情绪，但由于形态的不可控性使形态容易杂乱、轻率（图2-1-58、图2-1-59）。

图2-1-58 平面招贴

图2-1-59 灯具 Karim Rashid 美国

（4）设计中的面

如图2-1-60所示的鱼缸与金鱼形与形的衔接非常紧凑，画面运用了形与形相互适应的疏密关系巧妙地设计了这组契合图形。图2-1-61至图2-1-63均为面的契合案例，临近的两形之间共用一条边线。

图2-1-64中的餐具设计，正形与负形之间相互呼应，形态上具有虚实变化，具有很好的匹配收纳功能。

图2-1-60　鱼缸与金鱼

图2-1-61　儿童大象拼图摆件

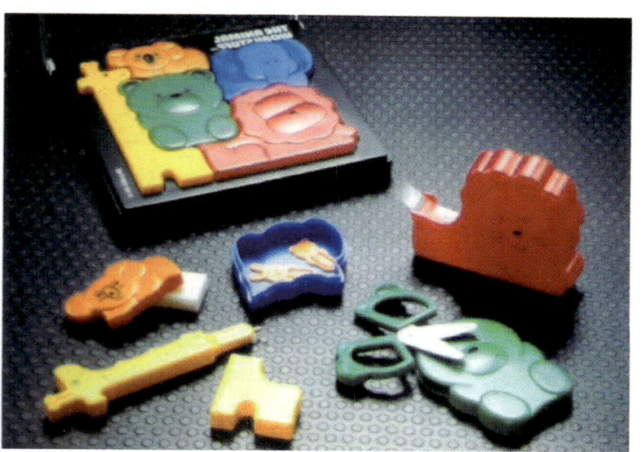

图2-1-62　儿童拼图版

图2-1-63　休闲椅　Gerald Summers

图2-1-64　餐具设计

1.1.4 点、线、面综合构成

点、线、面是设计中最基本的元素，每种元素都各具特征。在实际设计应用中，单纯运用点或线的方式比较少见，经常会是点、线、面穿插使用，相互结合，相辅相成。点、线、面之间的相异性会使设计效果异常丰富，但同时也增加了组构的难度，处理不当就会造成混乱、失控的局面。

（1）点、线、面综合构成中应把握的关系

① 地位上的主次关系。

要把握基本元素的主次关系、大小疏密关系、色彩肌理关系等，否则会因缺少重点而显得松散、凌乱。

② 动势上的均衡关系。

把握节奏、韵律与作品情绪思想的统一。

③ 形态上的协调关系。

协调关系是作品诸关系中最核心也是最复杂的关系。点、线、面综合构成中包括的基本元素、关系元素错综复杂，丰富多变的另一面处处存在着不同，强烈的对比、反差会造成紊乱、琐碎、乖张的效果。处理好协调关系，也就把握好了变化与统一、对比与调和、节奏与韵律。形态上的协调要从线型线质、组织结构、动势方向、色彩肌理等几个方面寻求一致与统一。

A. 线型线质。如垂直线、水平线、斜线与正方形面、长方形面、扁方形面的轮廓线都是直线。又如弧线、短弧线、波曲线与椭圆形面、桃形面的轮廓线都是曲线。粗细、边缘质地相似取得调和。点、线、面之间相互渗透取得调和，“你中有我，我中有你”。

“Zetel”三合一功能家具是比利时摄影师Fien Muller和艺术家Hannes Van Severen联手创作的系列家具作品。该作品集合了躺椅、扶手椅、落地灯三者功能于一身，简单的线条勾勒出鲜明的轮廓，完美诠释了功能至上的包豪斯设计理念（图2-1-65）。

B. 组织结构。通过排列组合的有序性增加调和。Le Trulle吊灯设计，其曲线的连续排列所构成的虚面具有通透的空间效果，与上面的实面形成强烈的对比反差。线的空间秩序排列与外轮廓的整体造型融为一体，使整个作品和谐统一（图2-1-66）。

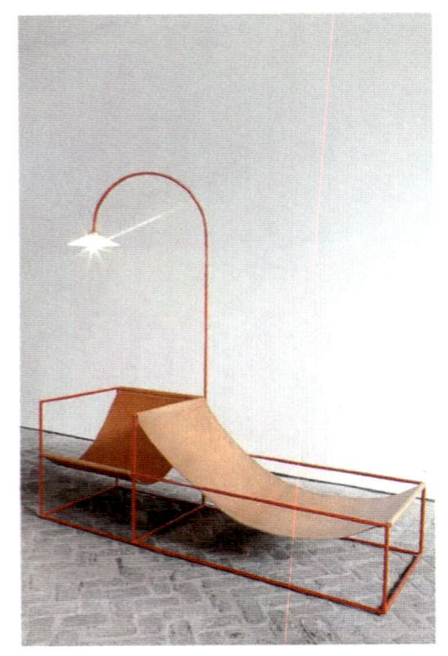

图2-1-65 “Zetel”三合一功能家具 Fien Muller、Hannes Van Severen

图2-1-66 Le Trulle吊灯 Edmondo Testaguzza 意大利

C. 动势方向。通过调整线型、面型的方向，都是纵向或同向倾斜，在动势方向上寻求统一。

D. 色彩肌理。 画面中多种点、线、面若对比感太强，可使用相似色彩或相似质理来调和。

（2）点、线、面在产品设计中的综合运用

没有线的构成在其中，是会被孤立的。如图2-1-67中的书架格通过曲线的贯穿，使各个孤立多变的空间串联在一起，富有秩序的运动线条让设计具有强烈的动感。

图2-1-67　创意书架设计

图2-1-68　“Nar”咖啡桌

通过点与点、点与面、线与面等形体或调和、或重叠、或分隔的造型手段，增加二维空间的丰富性、趣味性和空间扩展性。如图2-1-68所示的“Nar”咖啡桌，将咖啡桌和书架融到一起，并用挂的方法来排列安放书籍，不仅节省了空间，而且很方便阅读。桌子是由方形桌面和架书的框架线排列组合而成，书籍排列组合形成由线构成的虚面，与金属实面形成了视觉质感上的对比；桌面的厚重多变与支架的轻盈形成了鲜明的对比，书籍上小面积的色彩变化以点的形式呈现，突出了点的跳跃灵动。

可调节的关系——在现代城市工作场合，如何表达亲密与疏离的人际关系（图2-1-69）。此设计试图达到一个合理、巧妙的展示。在板凳后面有一个长条滑轴。茶桌的位置比板凳高，可以在其中滑动，以调节不同的人坐在板凳上的位置，从而表达疏离感和亲密关系的微妙的人际关系。可自由滑动的结构使线和面处于一种灵活可变的构成关系当中，避免审美疲劳。

图2-1-69　可调节的关系——椅子　张剑

1.2 平面构成的形式

平面构成的形式是按照形式美的规律运用造型基本元素（点、线、面），通过灵活多样的组织编排与结构关系处理，实现造型的丰富变化和设计思维的扩展。

平面构成的表现形式有群化、重复、近似、渐变、特异、发射、密集、对比、肌理、意象、动象等。在实际的设计应用中，不会是某一方法的单一呈现，而是围绕着设计主题的多种形式的交叉配合。

1.2.1 基本形及骨骼

平面构成过程就是对形态的打散重构。打散所得的结果就是基本形，而重构需要依托的一定的程序样式，即骨骼。因此，基本形与骨骼是平面构成两个关键的环节。

（1）基本形

基本形就是形态组合中最基本的形的单位。由点、线、面通过扭曲、膨胀、破坏、倾斜、减缺等方式简化组构而成。基本形的形态特征决定了构型的整体风格，因此，基本形的创造要简单明了、醒目突出、生动新颖，并且要带有一定的方向性。

（2）骨骼

骨骼是基本形在空间排列组合的依据，是利用线条将画面空间划分成形状大小相等或不等的单位，用以规范基本形的空间位置。骨骼的秩序与变化决定了基本形之间的协调与活力。骨骼通常由骨骼框架、骨骼线、骨骼点、骨骼单位四部分组合而成（图2–1–70、图2–1–71）。

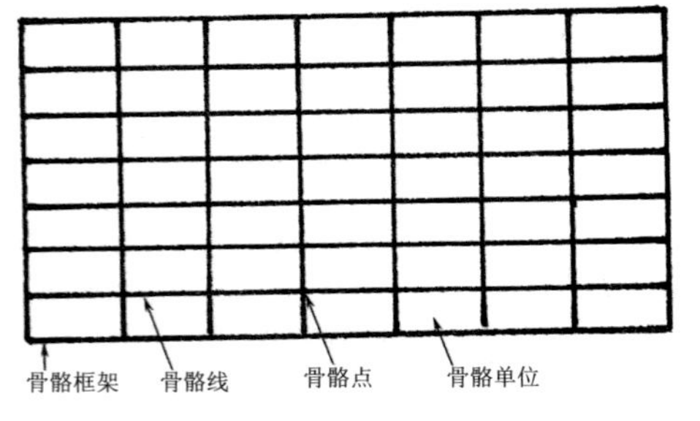

图2–1–70　基本骨骼原形

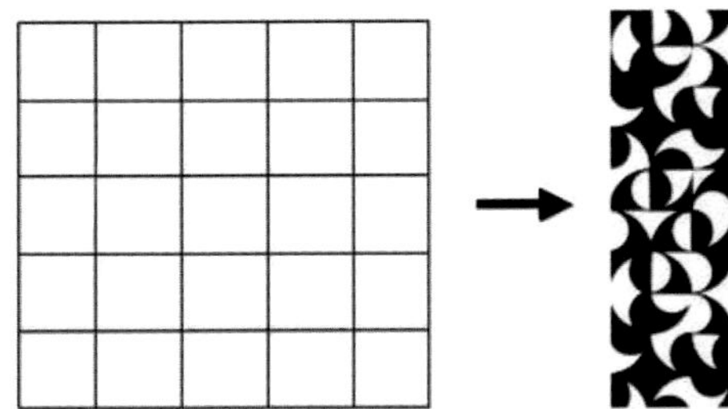

图2–1–71　基本骨骼原形

骨骼可以按秩序性和稳定性进行分类。

① 按秩序性可分为重复骨骼、近似骨骼、渐变骨骼、特异骨骼、发射骨骼。

A. 重复骨骼：骨骼单位的形状、大小相同，空间分布具有严谨的秩序性（图2–1–72至图2–1–74）。

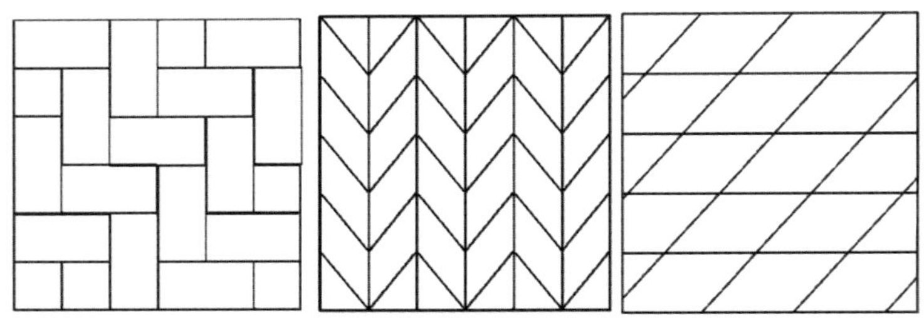

图2–1–72　重复骨骼的基本样式

图2-1-73 英式沙发隔热垫

图2-1-74 索尼SmartWatch 3

B. 近似骨骼：骨骼单位不再严谨秩序，而是把握在线质、大小、排列方面的相似性（图2-1-75、图2-1-76）。

C. 渐变骨骼：包括单向渐变、双向渐变、多向渐变、条带渐变、等级渐变、转折渐变、圆弧渐变等（图2-1-77、图2-1-78）。

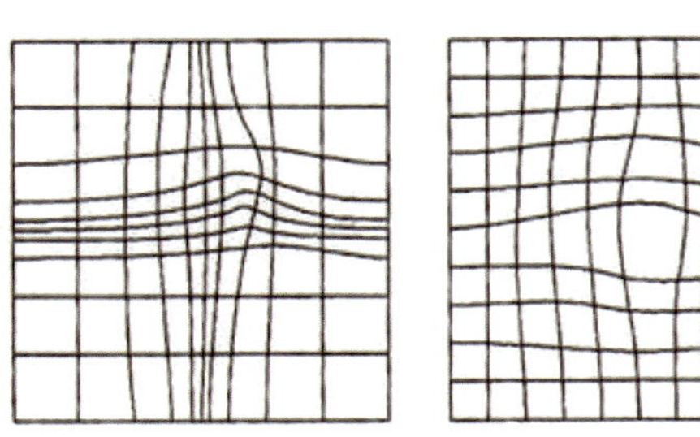

图2-1-75 近似骨骼的基本样式

图2-1-76 玛丽莲·梦露大厦

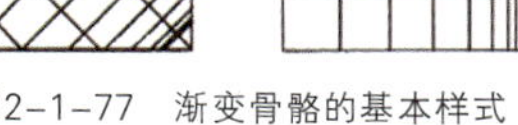

图2-1-77 渐变骨骼的基本样式

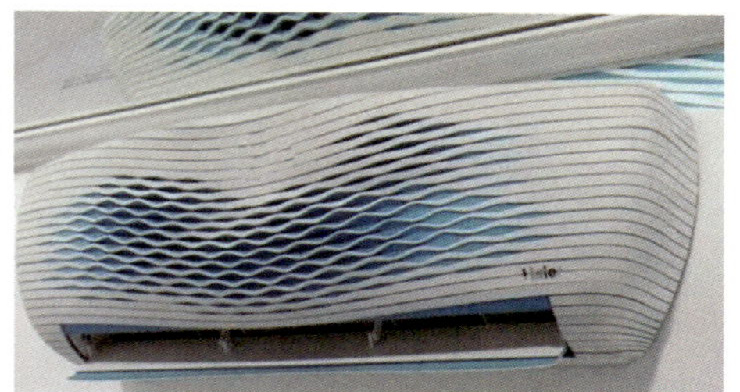

图2-1-78 海尔3D打印空调

D. 特异骨骼：对重复性骨骼的破坏，可以通过残缺、扭曲、倾斜、干扰等方式呈现（图2-1-79、图2-1-80）。

E. 发射骨骼：包括离心式发射、向心式发射、同心式发射、轴心式发射、综合式发射等（图2-1-81至图2-1-83）。

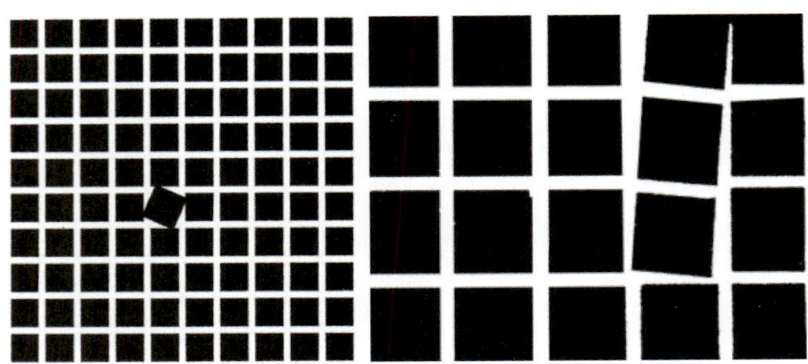

图2-1-79 特异骨骼的基本样式

图2-1-80 荷兰Hatert新的“皇冠”

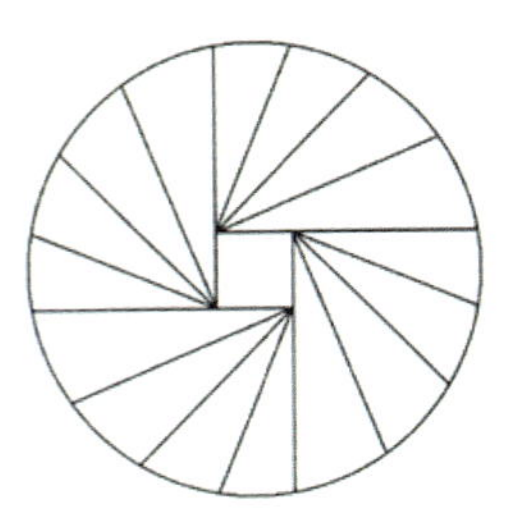

图2-1-81 发射骨骼的基本样式

图2-1-82 有乐迷你风扇

图2-1-83 科利尔照明

② 按隐显性可分为显性骨骼和隐性骨骼。

A. 隐性骨骼是基本形放置在骨骼点上，构成的最终效果骨骼线处于隐退状态（图2-1-84、图2-1-85）。

B. 显性骨骼是基本形放置在骨骼单位上，骨骼会对基本形产生影响，超出骨骼单位的基本形甚至会被骨骼剪掉。构成的最终效果骨骼线处于显现状态（图2-1-86）。

图2-1-84 隐性骨骼

图2-1-85 海报作品 Krzysztof Iwanski 波兰

图2-1-86 褶皱暖气片 Mikolaj Adamus

（3）骨骼与基本形

① 基本形与骨骼的配置。

A. 基本形放置在骨骼点上（图2-1-87）。

B. 基本形放置在骨骼线上（图2-1-88）。

C. 基本形放置在骨骼单位上（图2-1-89）。

图2-1-87　Ploum沙发　Ronan & Erwan Bouroullec工作室　法国

图2-1-88　Artefact 999 water bottles

图2-1-89　Roldan + Berengue设计作品

② 基本形与骨骼的空间变化。

A. 显性关系（图2-1-90、图2-1-91）。

B. 隐性关系（图2-1-92）。

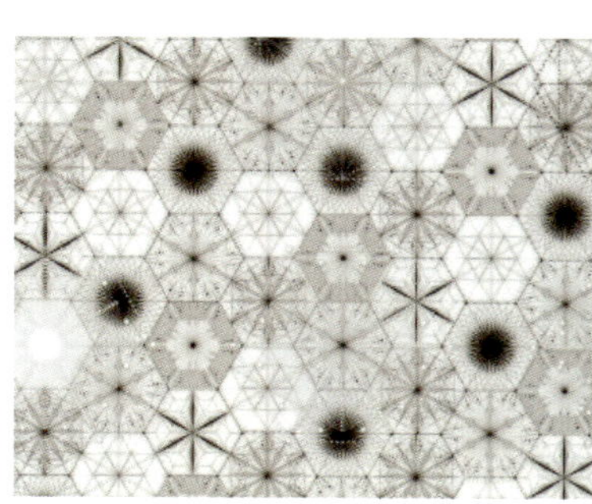
图2-1-90　显性关系

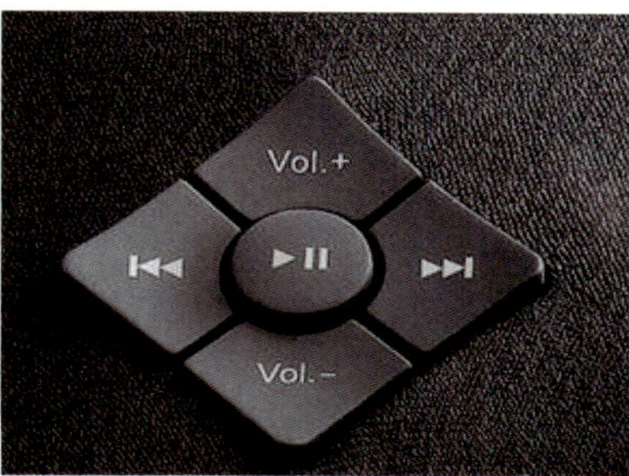

图2-1-91　按键设计

图2-1-92　隐性关系

1.2.2 群化构成

（1）视觉特征

群化构成是由基本形重复构成一个具有独立存在意义的图形，如标志、标识、符号等。基本形排列方式有对称式、旋转放射式、平行移动式、多向自由式等。基本形的群化构成设计要求精练、紧凑、醒目，能集中视觉，且具有符号性的特点。亚洲超级杯（Asian Super Cup）标志设计采用三个S形以围绕形式的群化设计（图2-1-93），而图2-1-94以基本形排列组合重复构成而得来。图2-1-95中用数字7以发射的形式变形群化旋转而成，旨在表达浪漫的气息，体现了行业的特征。

图2-1-93　亚洲超级杯标志设计

图2-1-94　群化图形标志设计

图2-1-95　七色玫瑰标志

（2）设计应用

在实际运用中我们会看到有不少将基本形与群化结合的方法，如在标志设计中运用发射与群化的综合构成形式，有时可造成光学的动感，或产生爆炸性的感觉，有很强烈的视觉效果。

群化构成和发射构成两者都强调重复的基本形在空间位置上的秩序性变化。将基本形群化在一个发射的形态中，并且形态均匀地向四周扩展或向中心收缩。如图2-1-96所示的华为标志设计，以发射的形式群化组合为一个紧凑的整体，基本形在大小变化上的群化，具有视觉立体化的感觉。再如图2-1-97中的汽车轮毂设计，基本形向四周均匀扩散，具有发射的视觉感。

群化构成与近似构成相结合的运用，如图2-1-98组合沙发，运用近似基本形排列组合的方式，只在组合位置上灵活变动，增强了功能的多样化。

图2-1-96　华为标志设计

图2-1-97　汽车轮毂设计

图2-1-98　Fiore沙发　B-alance

（3）基本要领

A. 基本形形状数量不宜太多。

B. 把握骨骼的简洁、秩序、整体。

C. 注重构图中的平衡和稳定。

D. 基本形要凝练、概括、粗壮有力，避免繁杂、松散、琐碎纤弱。

1.2.3 重复构成与近似构成

（1）视觉特征

重复构成与近似构成两者都强调重复的力量。在不断反复的视觉刺激中加深观者的视觉印象。其共同特点可概括为两个字：多、同。基本形要多，近似度要强，两者都是在重复中做微调变化。

重复构成是平面构成中最基本、最常用的一种表现形式。在画面中同一基本形有秩序地多次反复出现，强调视觉形象的规律感、秩序性、整齐性、和谐性。但过于统一会造成呆板、沉闷，产生视觉的厌倦感。因此，在平淡无奇的重复中求取变化是重复构成的关键。除了形状大小不能改变之外，在色彩肌理、方向上也可寻求变化（图2-1-99）。

近似构成是在重复构成样式的基础上进一步微调变异，改变了骨骼或基本形严谨的秩序性，但变化不大，是对近似面貌规律的大体把握。近似构成可以是重复的基本形与近似的骨骼，也可以是近似的基本形与重复的骨骼，还可以是近似的基本形与近似的骨骼。近似构成打破了重复构成基本形与骨骼都要求重复的刻板要求，相较于重复构成更加生动、活泼、自由（图2-1-100）。

（2）设计应用

秩序是达到视觉心理平衡的唯一途径，秩序从本质上说是一种规律性，是事物存在、运动、发展、变化的

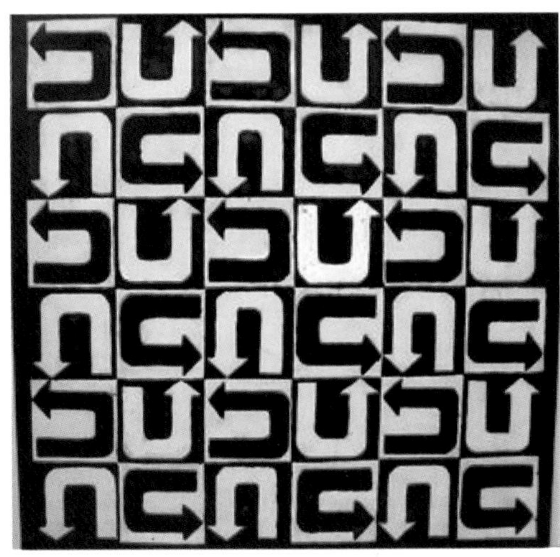

图2-1-99　重复构成练习

图2-1-100　近似构成练习

有序性。无论变化与统一，对比与调和、节奏与韵律、放射与回旋，都表现了一种秩序性。秩序代表着和谐，代表着变化以及变化后的统一，它始终与稳定和永恒性相联系。秩序展示着人的某种能力——有序化的能力。

重复是设计过程中不断使用同一种基本形的手法，如图2-1-101中的模块插座设计，秩序感强烈，传达功能的重复性，重复的功能模块增加形态的统一感，即在同一个设计中，相同的基本形要出现两次或多次。严格意义上的重复是指同一个对象以不变的方式反复出现。

如图2-1-102所示的近似构成运用案例，设计均是几何形的柔化处理，但大小宽窄有所变化，形成近似的视觉效果，给设计增加系列化的形态多变美感。

图2-1-103中平面立体化的产品设计，主要运用了平面设计中的重复构成方法，把平面的按键形式立体化，展示了产品的主要形式感。

图2-1-101　模块插座设计（重复构成运用）

图2-1-102　中国画的三维解构（近似构成运用）　杨明洁

图2-1-103　重复构成的产品设计

（3）基本要领

① 重复构成基本要领。

A. 骨骼与基本形必须都是重复的。

B. 所画的基本形最好要有明确的方向性，为变化铺垫。

C. 寻求基本形方向、位置、正负、色彩、肌理的变化。

D. 寻求骨骼排列组合中的穿插、错落等变化。

E. 大的基本形重复，可以加强整体构成的力度；细小密集的基本形重复，可以产生肌理的效果。

② 近似构成基本要领。

A. 把握基本形的近似性。在基本形的结构、轮廓、趣味、增减、线质、形变、色彩等方面至少寻求一个方面上的一致性，即可达到近似，寻求的一致方面越多，近似感越强。

B. 近似构成中的骨骼可以是重复的骨骼，也可以是只带有一定规律感而并非规律的近似的骨骼。

C. 近似的基本形与骨骼之间的关系可以是对比的显性骨骼，也可以是非对比的隐性骨骼，但运用的隐性骨骼一定是重复的骨骼，否则画面会失于规律感。

1.2.4 渐变构成与特异构成

（1）视觉特征

渐变构成与特异构成两者都强调在重复中变化。一个在重复中悄悄地变化；一个在重复中突然地变化。以重复与变化的强烈反差刺激观者思维，加深视觉印象，唤起创意思维。渐变构成与特异构成的共同特点可概括为：多、变。

渐变构成是一个图形在骨骼的作用下逐渐、有序地连续变化，诱导观者远离最初原形，直至变为另一图形。任何两个相异的图形，都能找到两者之间的折中形状，通过渐变式过渡建立起联系。如果变化两端相异的两个图形都比较具象，则在完成渐变的过程中越靠近两者中间，形象越似是而非（图2-1-104）。

特异构成是以一个重复构成作为背景铺垫，通过局部的特异性破坏、夸张，打破秩序的沉闷，形成鲜明反差，将观者的视线凝聚在特异的部分。局部特异可以是骨骼的局部特异，也可以是基本形的局部特异（图2-1-105）。

图2-1-104　渐变构成

图2-1-105　特异构成（学生习作）

（2）设计应用

形态产生连续的有规律的变化就是渐变。渐变着重表现变化的过程以及其中包含着的节奏和韵律（图2-1-106、图2-1-107）。

特异就是在一种较为有规律的形态中进行小部分的变异，以突破某种较为规范的单调的构成形式。简言之，万花丛中一点红，这个红就是特异（图2-1-108、图2-1-109）。

图2-1-106　陶艺雕塑（渐变构成运用）　Matthew Chambers

图2-1-107　独立系统的3D虚拟现实头盔（渐变构成运用）　意臣工业设计

图2-1-108　Wood detailing（骨骼特异手法）　Shell design

图2-1-109　巴塞罗那Mercabarna-Flor花卉市场（色彩特异手法）　Willy Müller Architects（WMA）

（3）基本要领

①渐变构成要领。

A. 连续诱导中把握渐变的度，要避免有脱节、突变的现象。

B. 重复骨骼、渐变骨骼、显性骨骼、隐性骨骼，都可以运用在渐变构成当中。

C. 基本形的渐变从形状大小、方向、位置、盈亏、扭曲、虚实、色彩、正负、倾侧等方面渐变。

D. 骨骼与基本形相互配合时，如骨骼渐变复杂则基本形要简洁，反之，如基本形渐变复杂则要选取简单的骨骼。

②特异构成要领。

A. 特异变化可以在重复的骨骼中进行，也可结合特异的骨骼变化。

B. 特异变化仅限于局部，但可以是一个或多个局部。

C. 特异构成以规律为依托，规律感越强，与特异部分的反差越明显，视觉冲击力就越强。

D. 基本形的特异变化从形状、大小、色彩、肌理、方向、位置、内容、含义、形式多个方面入手，但要保证与重复背景中基本形的联系性。

1.2.5 发射构成与密集构成

（1）视觉特征

发射构成是指基本形与骨骼线有序地环绕着一个或几个共同的中心点的组织排列方式。发射构成必须在发射骨骼的作用下完成，具有明确的焦点与走向，才能够形成强烈的运动感和光感效应，给人以炫目的视觉冲击力（图2-1-110、图 2-1-111）。图2-1-112灯头的设计具有旋转发射的视觉效果。

图2-1-110 发射构成骨骼形式

图2-1-111 发射构成（学生习作）

图2-1-112 Ray Pendant Light Fabbian

密集构成是指在画面上自由的、不规律的、时聚时散的众多基本形，趋向一个或少数几个不同的方向聚合，这种排列是凭借直觉自由摆放的，不需要严谨的秩序骨骼，给人以随性、自由的运动感受。密集构成有散漫、无序的密集，如挤集和播散的密集。有明确、有序的密集，如趋向点的密集、趋向线的密集、趋向面的密集（图2-1-113）。

图2-1-113 密集构成（学生习作）

（2）设计应用

包装设计中点的发射密集综合构成运用，点从内部开始有小变大，构成发射状态，点的密集排列让这种状态具有了运动感（图2-1-114）；马克杯底部逐渐大小疏密变化的发射与密集综合运用，加强了视觉中心与心理稳定感（图2-1-115）；建筑墙体面点的大小疏密排列，增强大面积白墙面的视觉冲击力（图2-1-126）；曲线构成的圆圈，在黑色背景的衬托下，具有了点的视觉效果，运用密集的构成手法，大小位置不一的点，具有了水泡的仿生形态，点出产品的功能主题“水净化装置”（图2-1-117）。

图2-1-114　Coffee From The Wild（Concept）

图2-1-115　纪梵希陶瓷马克杯

图2-1-116　曼谷Lightmos商铺改造

图2-1-117　The WOW Water Sterilizer

发射构成与密集构成两者都强调基本形聚散的运动本质。构成的画面中都存在着一个或几个聚散的焦点。画面以强烈的运动感、空间感抓住观者的视觉。发射构成与密集构成的共同特点可概括为：多、动。基本形要多，运动特质明显。

（3）基本要领

① 发射构成基本要领。

A. 发射的基本形围绕发射骨骼展开，不易复杂，要简洁、单纯。

B. 发射的骨骼要清晰、明朗，编排有序。

C. 两个以上的发射骨骼样式叠加构成可以增加构成的运动变化与空间进深。

② 密集构成基本要领。

A. 密集的基本形要数量繁多、体态细小、聚合自如。

B. 要把握基本形运动的连续性、流动性，不要有断裂感。

C. 画面要协调统一、主次分明，重点突出。

1.2.6 对比构成

（1）视觉特征

对比构成是专门针对形态之间的差异而展开的专项练习，目的是要充分认识到不同形态之间存在的各方面的相异因素，通过对比的识别性突出形态的个性视觉特征。

基本形对比的种类及方法。

① 自身的对比——大小、方圆、长短、曲直、形状（图2-1-118）、方向、色彩（图2-1-119）、肌理、内涵等。

图2-1-118　形状对比构成（学生习作）

图2-1-119　色彩对比构成（学生习作）

② 组合的对比——主次、多少、繁简、聚散、透叠、交叠、联合、虚实、进退。

（2）设计应用

如图2-1-120所示的收音机，采用几何圆点组合成的虚面正圆与直线棱角形成对比，但小圆点上下左右方向形成的短线，使得对比具有了调和的虚线感，产生强烈的视觉特征。

图2-1-121中，几何方形与圆形的形状对比，用虚面圆作为形态调和元素，打破了对称的呆板。

图2-1-122中，运用陶瓷和玻璃材质的对比，强化了视觉特征，连续的轮廓造型又统一了形态的完整性。

图2-1-123中，表盘金属圈与表带呢绒材质的对比，产生强烈的视觉特征感，点明了该设计的人群定位，简单时尚的年轻人的心理喜好。

图2-1-120　交互式倾斜收音机　Luka

图2-1-121　FORM PINTEREST　Jessica Lea Dunn

图2-1-122　宁静的天空　田中美佐　日本

图2-1-123　手表设计　Daniel Wellington　瑞典

（3）基本要领

A. 要把握好对比与调和的关系。和谐是统一的手段，变化是对比的结果。

B. 要把握好节奏。主次分明，主宾有序。

1.2.7 肌理构成

（1）视觉特征

肌理构成是专门针对形态纹理在视觉、触觉经验上的可识辨性，有意识地去开发与创造新的构成语言的艺术训练过程之一。

肌理的本质是一种形式结构。肌理的审美价值在于形式结构所带来的对比、节奏关系，并由此产生的情报功能、装饰效果与视觉张力。肌理还具有丰富的表情功能，使人产生联想。

肌理按其来源的不同可分为自然肌理与人工肌理。自然肌理是一种广泛的存在，任何物体表面都存在或光滑或粗糙的肌理。人工肌理是人们对自然肌理的一种理性的整理与个性化的再现。因而具有强烈的视觉冲击力。肌理构成主要是针对自然界固有肌理的提炼训练和人工肌理的构成形式训练。肌理按照感知方式的不同还可分为视觉肌理与触觉肌理。平面构成的肌理训练主要是针对视觉肌理的训练（图2-1-124）。

（2）设计应用

线的人工肌理设计（图2-1-125）；仿石材纹理的平面肌理提炼设计，强化视觉特征（图2-1-126）。

（3）基本要领

不要固化、受限于已有的方法，要善于在生活中发现肌理，寻找创作灵感。敢于尝试，才能达到意想不到的效果。现有的手段、经验的重要价值在于启发、发现并创造新的肌理才是可持续发展的学习方向。

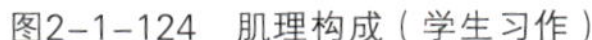

图2-1-124　肌理构成（学生习作）

图2-1-125　座椅设计

图2-1-126　Lathe chair　Sebastian

1.2.8 意象构成

（1）视觉特征

“意象构成”是一种介于“具象”与“抽象”之间的造型美学观，它是对具象和抽象内涵的升华，不注重再现事物的表象细节，而是注重捕捉那些简洁而强烈的体现物象本质的特征，追求形态的表情达意功能。意象构成常用的手法有打散重构，抽象与具象的相互转换，形态提炼等。

所谓“意象构成”是指打破常规的思维习惯与审视角度，对自然物象进行深层次观察、分析与体悟，领悟隐藏在物象形态内的寓意和美感，并从中提炼出自然物象的造型元素，再以主观审美意趣为核心，对形态进行意味联想、形态联想、时空联想等多方位、多角度的视觉联想，将客观物象与主观想象相结合，突破物象原有的时空限制，予以自由的、虚幻的形态表现（图2-1-127）。

（2）设计应用

荷兰设计组合Drift设计了一个以鬼魂意象为主题的座椅系列：手工制作的全透明未来主义树脂玻璃椅子，内嵌着由激光技术创造出的“鬼魂”物体，如果是在灯光微弱的情况下，绝对会被认为是“着魔”的景象。设计师Ralph Nauta和Lonneke Gordijn表示，每一把椅子内的“鬼魂”都是不同的，而且客户也能够通过与设计师的协商，定制椅子中的内在“魂魄”（图2-1-128）。

图2-1-127　意象构成（非常规的意象构成手法）

图2-1-128　Ghost Chair　Drift

满足人类天性中对浩瀚星空的着迷，俄罗斯女设计师Natalia Rumyantseva设计的意象“星空床”（Cosmos Bed），半封闭的胶囊外形，保证睡眠的舒适和私密性。内部设有音箱、香薰系统，顶部闪烁的LED灯光模仿璀璨的星空。该设计充满未来感，让使用者能在睡眠前充分放松身心，获得良好的休息和睡眠质量（图2-1-129）。

图2-1-130中半人体构成意象的座椅设计，让人产生无限的遐想空间。

图2-1-129　星空床　Natalia Rumyantseva

图2-1-130　Pink Chair　Vladimir Tsesler

（3）基本要领

A. 意象构成的过程带有直觉性、随机性、探索性和表现性。

B. 对自然物象进行简化取舍，只保留其最具代表性、最具典型、最能体现艺术家主观意念的部分。

C. 对自然物象的剖析、重构方式超越了物象的表象，表现形态是抽象的、陌生而崭新的，甚至是怪诞的。

D. 重构组合不是两种形态的简单拼接，而是一种化合或融合。利用形状、结构、功能、意义上的共通性，对两种形态进行深化处理与巧妙融合，避免生硬堆砌与逻辑混乱。

1.2.9 动象构成

（1）视觉特性

动象构成就是在形态的重构中注重表达形态的运动幻象。运动能给人以生命的活力，动象构成同样旨在突出形态的生机与活力，如图2-1-131所示的画面中线条有很强的运动感。

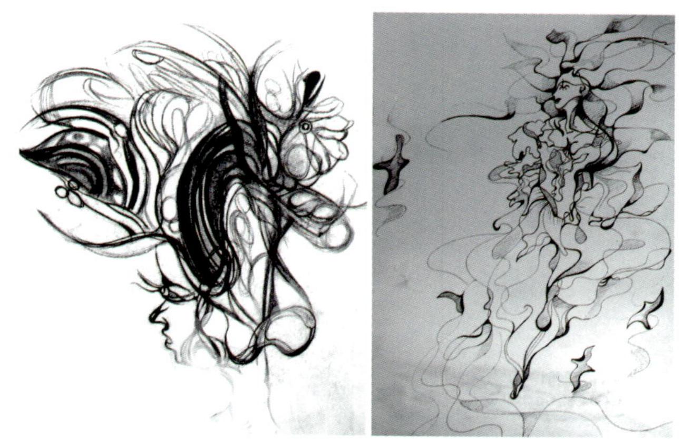

图2-1-131　动象构成（学生习作）

位移是运动的形式，具有方向、速度与力度要素。动象不是物体的真实移动，而是通过引导胁迫视线运动，引起相关日常感知经验，促成运动感的形成。形态中的斜线、波浪线、圆形、三角形能给人以较强的运动感，其中倒置的三角形有一种下坠的运动感；圆形有弹跳的运动感；不同形态的叠加组合给人以记忆片段连续播放的运动印象；构成关系中的秩序与变化能够引起心理上节奏与韵律的运动感受；虚幻立体的空间反转使人的视线在两种以上的空间中来回游走、游移不定而产生运动幻象。

（2）设计应用

如图2-1-132所示为来自中国台湾Yeduo Design的“体育”系列主题衣架，这些衣架运用动象构成设计，形象地表现了撑竿跳高、体操、足球和游泳这些运动项目，体现了人体的运动之美。

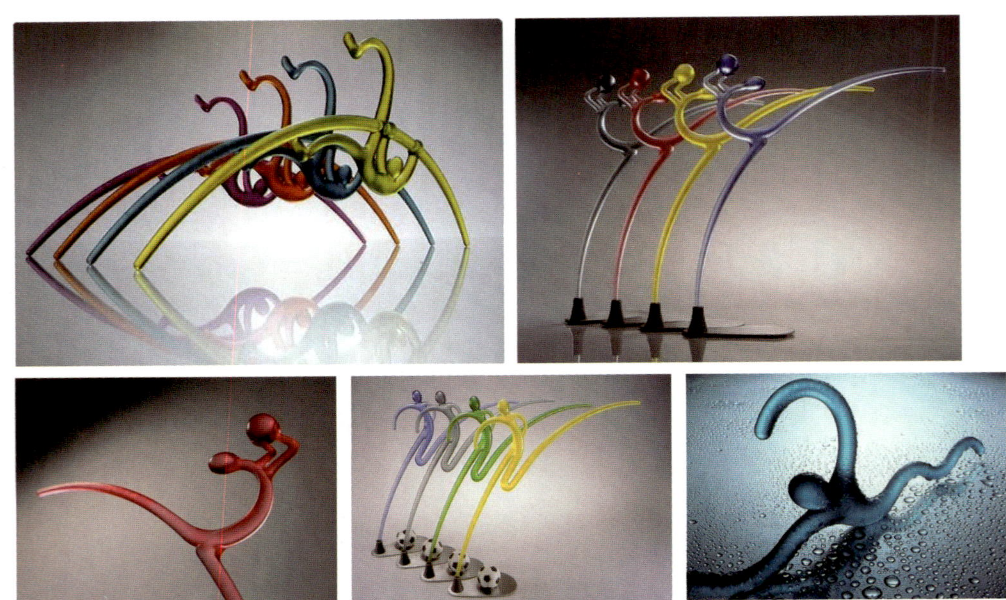

图2-1-132　“体育”系列主题衣架　Yeduo Design

（3）基本要领

① 动象构成常用的方法。

A. 组织画面形或色层次的秩序变化，引导观者视线流动。

B. 用歪扭变形的形态来引发观者归正的心理愿望，制造力动变化。

C. 提炼自然有机形态，暗示生命律动。

D. 利用同一形象连续动态片段的叠置，契合对快速运动物体的感知记忆。

E. 通过形态的渐变构成，暗示事物的发展变化。

F. 制造矛盾空间，胁迫观者视线移动。

② 矛盾空间的具体技法：共同面连接法、共同面异光源法、前后插接错位法、共同线连接法、断线错续误联法、移步换景展开法。

③ 动象构成中的运动因素：观者视线流动、形态动势、画面全局动态结构。

第二节 立体构成

立体构成是一种思维训练，一种造型活动，它强调“构成”这一过程，其完成后的结果，即作品可以是雕塑，也可以是装置。立体构成的重心不是放在再现或表现空间形态上，而是放在探索立体空间多种形式的可能上。所以立体构成常常舍去主题和属性，使过程更加纯粹与抽象，以便快速进入理性、抽象的设计思维，其建立的空间意识，脱离具象直觉的思维习惯，但立体构成并不排斥具象、直觉与主题。

2.1 立体形态的特征

平面构成和立体构成都属于空间艺术，平面构成占有二维空间，立体构成占有三维空间。平面构成与立体构成有着千丝万缕的联系，比如一个平面图形可以有多种立体的可能，一个立体形态也拥有多个平面投影；它们的构成要素、组合原则都存在着很多相通之处，比如点、线、面的形态要素，对比统一、简洁秩序等关系要素。但区别于平面构成，立体形态也有自己独特的特征。

（1）轮廓

平面形态拥有确定的轮廓；立体形态则没有固定不变的轮廓。对立体形态的感知是在空间中综合多个立面的透视效果而给出的综合评价，因此，要使立体形态丰富生动、均衡整体，就要从全方位的视觉效果上构造空间轮廓的连续、变化和统一。如悉尼歌剧院建筑外轮廓丰富的层次以及加强的透视美感（图2-2-1）；迪奥香水瓶用优美的轮廓曲线强调受用人群（图2-2-2）。

图2-2-1 悉尼歌剧院

图2-2-2 迪奥真我香水

（2）量

平面形态拥有的“量”是虚幻的错觉；立体形态是实在的重量、体量与空间量。人们对物理量的感知、判断比较复杂，常常会受到周围环境与主观愿望的误导，从而使心理量感产生与实际量的判断偏差，进而会影响到人们的行为动作。产品设计往往会利用心理量感的偏差性有意制造引导产品消费的设计（图2-2-3、图2-2-4）。

图2-2-3 抽象花瓶 Nendo

图2-2-4 鸟巢景观灯

（3）视点

面对平面形态，观者可以视点不动，靠移动视线来完整欣赏；面对立体形态，观者需移动空间视点，在时间进程中接收不断变化的视觉信息，最终完成对立体形态的完整感受。立体形态是存在于时空中的艺术（图2-2-5）。

（4）光

对于平面形态，光只是可视的条件，而对于立体形态，光则是造型因素。光源的方向、强弱、数量都能参与立体形态的意象表达（图2-2-6、图2-2-7）。

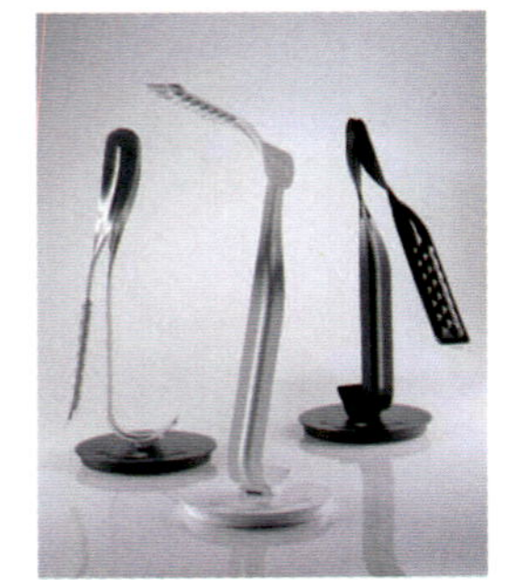

图2-2-5 Leaf Light Yves Béhar

图2-2-6 DFS环球免税店X商场橱窗陈列

图2-2-7 迪奥橱窗展示

（5）质

平面形态的质以视觉效果为主，通过逼真再现，呈现的都是材质感、肌理感、空间感，而对于立体形态，这一切都是可以通过触觉真实感知的，在完成的过程中必须经过对材料的加工、表现这一关（图2-2-8、图2-2-9）。

（6）重心和虚实

立体形态重心和虚实既要符合知觉规律，也要符合重心规律。立体形态在实际空间中稳固的存在是其成立的前提。在构成的过程中必须考虑重心与支撑面的关系，只要重心线落在支撑面内，就符合了重心的规律，形态能够平稳放置。在此前提下，重心与支撑面的变化会影响心理对立体形态的知觉判断。如重心高，支撑面小，则形态灵动轻巧；重心低，支撑面大，则形态稳定、踏实（图2-2-10、图2-2-11）。

图2-2-8 Stacking Vessels Pia Wustenberg 德国

图2-2-9 羊（铜） 亨利·摩尔

图2-2-10 KST餐桌 Livius Hrer、Ada Ihmels 德国

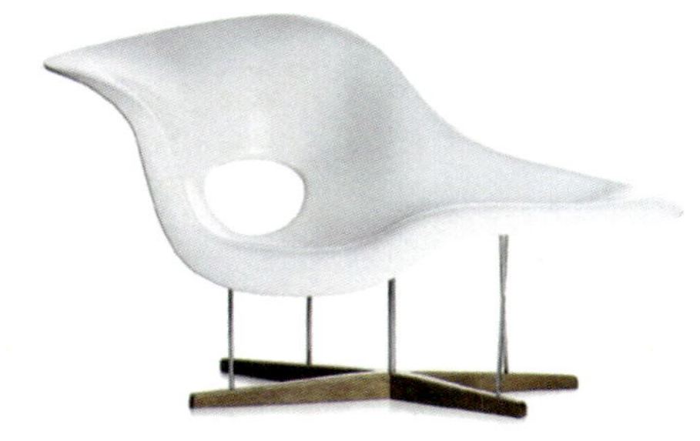
图2-2-11 贝壳贵妃椅 Eames

2.2 立体构成的特征

2.2.1 立体构成的意象性

意象，介于抽象与具象之间，连通了知觉形象，却不是机械的复制；直达了心灵意境，又不是纯粹抽象的概念。意象是一种“有意味的形式”，是借助自然物象本质特征的结构与人知觉心理活动结构的契合与共鸣。

意象是力象的结果。力象有着内力运动变化的本质，无论从物理上，还是从生理、心理上，积极向上的运动力象总给人以鲜活、生机、欢乐的意象，而消极颓废的运动力象则给人以衰败、死寂、沉闷的意象。

立体构成就是研究形态的空间形态与结构关系的，它并非对自然形体的刻板复制。因此，抓住了立体造型的意象，也就抓住了形态最基本的力动特征的结构。

从自然形态中提取意象形态，首先要改变审视的角度。不是要看清形象的外在细节，而是要透彻地理解形象，主动分析、把握自然形态的总体结构特征。意象还可以从以往经验、概念中产生，比如情绪方面的喜、怒、哀、乐；人文方面的古典、现代、严肃、浪漫；自然方面的风、霜、雨、雪；知觉上的冷、热、酸、甜等。我们可以直接运用物质材料，加工出承载上述抽象概念的意象形态。利用物质材料的质地、颜色、形状、方向、速度、密度、空间结构等关系，通过视知觉，参与人复杂的认知系统，唤醒相关记忆、情绪，产生共鸣。这种共鸣有时强烈到让我们忽视它的源头——冰冷无情的材料。也就是说，“艺术形象越完美、越显现，载体就越隐退”。

意象是对具象的抽离。立体构成的意象创造不是无选择地随意提取，也不是对形态的粗暴概括，而是删掉与意象主题无关的结构、细节。意象形态不排斥真实与细节，没有细节的作品不是生动、完整的作品。这里的细节指的是对造型的精微把握（图2–2–12至图2–2–14）。

图2–2–12　人体抽象雕塑

图2–2–13　母与子　亨利·摩尔

图2–2–14　热气球灯　Inga Sempé

意象造型的注意事项。

A. 高度概括，抓住形态个性化、典型化特征。

B. 表现效果鲜明、生动、传神。

C. 细节处理精微、到位，不啰嗦、不空洞。

D. 作品的结构逻辑与意象主题的结构逻辑一致、统一。

E. 作品的部分与整体的关系要协调、统一。

2.2.2 立体构成的结构性

任何形态都是有结构的。结构决定了形态的视觉关系、实用功能与审美导向。尤其在建筑设计与产品设计等涉及体量与空间的设计领域，更是专注于对形态的结构性研究远超于对形态的外观美感的追求。结构是功能设计中必须十分重视的地方。

立体构成是研究空间结构中的形态，形态的材质、体量、体态、色彩等因素必须围绕空间结构用途来确定。结构设计不是单一独立的设计，要兼顾结构的科学性、实用性、美观性。

① 结构与基本形态。

任何复杂的形态都是由简洁的形态集合而成的。人类的知觉习惯也造成了对简洁的偏爱。因此，在人为的设计领域，存在很多几何形态元素作为构造的基本形态，如建筑，房顶、墙壁、门窗、梁柱、围栏等，都是方体、棱锥体、柱体、面体等几何形态；如家具、隔板、靠背、扶手、台面等，由几何、流线型形体元素占据统治地位。几何体以简洁、有力、鲜明的特点使设计结构分明，功能明确、美观大方。越是复杂的结构关系，基本形态越要求单纯凝练。因此熟悉并运用好几何形体，是组建空间结构形态的起点（图2–2–15、图2–2–16）。

②结构与使用功能。

设计结构的合理性主要表现在使用功能方面，比如建筑与家具设计都需要稳定的结构和合理的空间配置，它们的安全可靠性取决于结构的承载与传力的关系，结构中对虚空间的配置决定了使用空间的舒适、合理。随着人类对结构驾驭能力的提高，对结构与使用功能之间关系的探索也更加深入、灵活，能最大限度地挖掘出结构本身所能够产生的功能作用，如紧凑、合理的仿生结构（图2-2-17）。

立体构成的训练虽然不涉及具体的实用功能，但也要解决结构关系的重心平衡、稳定牢固的问题。

图2-2-15 Table Nendo

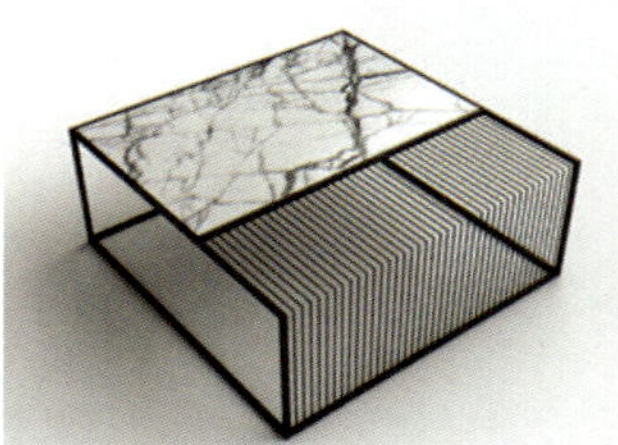

图2-2-16 Grill Coffee Table Zeren

图2-2-17 组合桌 马蒂亚斯·德马克 德国

③结构与视觉美感。

结构的视觉美感是指由基本形态构筑的外观整体，或形态的形式结构关系本身能够给人带来愉悦的审美感受。比如汽车的流线型结构设计，既有它科学的一面，也给人以动感、流畅、舒适、优美的视觉享受；灯具的透光设计，既有它实用的一面，也给人以朦胧、优雅、宁静、虚幻的视觉享受。结构中线条的穿插、体面的分割、材质的选择、色彩的搭配、节点的构接等，都会使整体形态产生出不同强弱虚实、多样变幻的无限可能，唤起观者相应的知觉心理变化。在众多可能性中，只有那些合理、完整的结构才能给人以视觉上的美感（图2-2-18、图2-2-19）。

④结构与科学。

所谓合理性，指的是物质结构的科学性，包括由结构而形成的空间大小与功能的合理性，结构材料选择运用上的合理性以及安全性和简洁性。尽管人文科学不断发展，新的结构方式不断出现，但结构上依然存在着承载的科学性问题，存在着传力问题（图2-2-20至图2-2-22）。

图2-2-18　蝴蝶凳　柳宗理　日本

图2-2-19　Chair One　Konstantin Grcic

图2-2-20　传统水车

图2-2-21　荷兰风车

图2-2-22　风力发电

⑤ 结构与环境。

设计形态最终都会存在于一定的环境之中。在结构设计中必须考虑环境与结构之间相互影响的关系，这既包括环境对结构的影响，也包括结构对环境的影响。例如，北方寒冷地区的建筑墙体较厚，楼梯、水管内置，限定了建筑的外观表现。而在炎热的南方，空间结构设计可以灵活一些，设计时可充分调动环境中的有效因素，使结构与环境和谐。对于产品设计来说，既要考虑产品的应用环境（家用、公用、娱乐、办公、特定人群等），又要考虑产品销售展示的环境，还要考虑自然生态环境（受环境的制约及对环境的影响）。总之，跳出形态的局部性结构关系，把形态放置在环境大的空间结构中去观察、把握。

从上述诸多方面出发，在立体构成设计中综合分析、研究诸多要素，以严谨的科学态度，完成结构设计，使结构关系趋于和谐（图2-2-23）。

图2-2-23　巴塞罗那Sandstone公共座椅　Bocaccio Design

2.2.3 立体构成的逻辑性

逻辑是与感性的直觉相对的概念，它强调理性的分析。

平面构成强调逻辑构型。立体构成是在平面构成基础上增加了材料、肌理、空间、重力等更多、更复杂的因素，更需要构成思路的清晰、方式方法的合理有序。对于运动变化的解析，感受力动变化是必不可少的。

立体构成的构型过程，首先是从形态中分解出各个独立的要素，包括形态要素、空间限定、构成条件、组合形式；同时，从主题中解析出感知结构，包括触觉、视觉、味觉、听觉、动觉、情绪等方面；再以图解的方法将上述分析结果细化罗列出来；然后利用同感，将与情绪主题符合的要素连接在一起，从而推导出与主题意愿结构相符的要素排列组合；最后，分析总结实施方案，制订实施计划，并运用材料、工具进行立体构成创作。

图解方法如下。

A. 形态要素：形态、色彩、肌理、材料。

B. 空间限定：点、线、面、体、空虚。

C. 构成条件：数量、大小、触离、方位。

D. 组合形式：积聚、变形、分割。

整个过程，不是以往绘画经验中以直觉为主，用形象思维的方式把握形态，而是以逻辑分析、推理的方式，用理性思维构架形态结构，再用艺术感觉推敲、综合，重新建构一个整体形态。这就是立体构成的逻辑性。七巧板书架，是将平面图形七巧板按照空间立体的形式发展成具有空间功能的家具产品（图2–2–24）。

图2–2–24 七巧板书架

2.3 立体构成的变化与统一

变化与统一是一切形式美法则中的基本法则，是人们在长期的审美活动中总结出来的形式美的共同特征。变化产生生机，统一促成和谐。变化与统一不仅是美学的基本法则，更是哲学的基本法则。变化与统一的辩证关系相辅相成，变化出无穷的形态世界。

2.3.1 变化与统一中的生机美

世界上一切有无生命的存在都处于一个不断变化的过程当中，生命的生死轮回、季节的冬夏流转、物质的能量传递……变化是动态发展的过程，有了变化就有了生命的活力。

变化是结果，对比是手段。对比使矛盾双方因对立而产生冲突势能与动象，对比同时也因反衬而相互补充。“红花还要绿叶配”，对比双方相辅相成，共同衬托出形态的本质特性，加强艺术感染力，突出作品的艺术效果与主题。

在立体构成形式中，可以通过体积大小、色彩浓淡、线条曲直、光线明暗、重心高低、空间虚实、形态动静、节奏快慢使形态产生生动活泼、个性鲜明的效果。有了对比，构成才有变化，变化是作品的内容和灵魂，赋予作品生命的能量。

变化所产生的能量大小取决于差异的大小与对比因素的多少。反差越大，对比就越尖锐；对比因素越多，内容就越丰富，作品整体效果就越冲突、强烈。反之，反差越小，对比就越缓和；对比因素越少，内容就越单纯，作品整体效果就越柔和、含蓄（图2-2-25至图2-2-27）。

对比无论是强烈鲜明，还是平静柔和，都能契合观者相应的知觉心理，因此，无所谓孰优孰劣，运用的场合不同，服务的人群不同，就需要不同的对比变化结果。

图2-2-25　材料对比

图2-2-26　线面对比

图2-2-27　水泥花盆（面线对比）　Singular Plural团队　巴西

2.3.2 变化与统一中的平衡美

变化所产生的能量信息通过感官与知觉刺激人体的大脑神经系统。人体对刺激的反应是有一定阈限的，当兴奋程度超出人体所承受的阈限，人就会倾向于减少刺激去寻求和谐和平衡。“其声和以柔”，音乐中过于尖利刺耳、嘈杂激烈的摇滚虽然能激起听众的兴奋，发泄内心的情绪，但过于强烈持久，就会让人产生烦躁不适。舒缓、沉静的音乐能够平复内心的波澜，让人气定神闲。

统一是结果，平衡是本质。如同物理学上的平衡是作用于一个物体上的各种力达到了相互抵消；心理学上的平衡是形态对大脑视皮层的刺激所产生的生理力分布达到可以相互抵消的状态。

在立体构成的形式中，既要考虑物理学上力的平衡，也要协调心理学上力的平衡。立体形态在重力、压力、支撑力、摩擦力的相互作用下能够牢固稳定，就说明其中的力量达到了相互平衡，给人以安全可靠之感。立体形态的大小、色彩、方向、肌理等客观因素和观者的知识、兴趣等主观因素都会影响到知觉的平衡。

变化是各种生理力产生的前提条件，平衡就是分析考察力的分布，协调各种力的强度、方向，使整体力象处于一种和谐的有机关系之中。统一以变化为前提，没有变化的统一是一种没有生机的呆板、沉闷、死寂。统一也是变化美的准绳，没有统一的变化是一种杂乱、无序、癫狂。平衡是力量的均衡，更是一种美，只有在稳定和谐的大前提下，才能清晰地感受到变化的丰富色彩。

统一是结果，同一是手段。同一就是在变化的因素中增加相同的造型因素，如大小相同、方向一致、色彩近似、肌理统一等。以形、色等诸方面减少变化的数量，减弱对比的强度，使整体效果趋于协调统一、稳定和谐。如图2-2-28所示的容器设计，运用形体渐变、色彩渐变缓和粗细对比。

图2-2-28 容器设计 莫兰迪

图2-2-29 椅子系列

2.3.3 变化与统一的辩证运用

（1）形态的对比与调和

① 对比。

形态上的对比主要是指在形态自身面貌上的差异性，这种差异性会在形态之间形成反衬的作用，使形态个性更加鲜明地凸显出来。形态对比使整体视觉效果强烈，进而引起观者的视觉兴趣、吸引视觉关注度（图2-2-29）。

立体构成对比的基本方法如下。

A. 在基本元素的种类上做点、线、面、几何形态、自由形态的对比变化（图2-2-30）。

B. 在基本元素的体量上做大与小、完整与不完整、凹凸、粗细、厚薄、刚柔的对比变化。

C. 在基本元素的使用材质上做明暗、色彩、肌理、新旧、软硬、粗精、光泽度、透明度的对比变化（图2-2-31）。

② 调和。

形态上的调和是为了控制对比度，避免因形态对比过于强烈而造成对整体感的破坏。通过在形态间寻找共同的"基因"，使差异双方建立联系、相互呼应构成紧密的有机整体，达到协调统一的视觉效果。

立体构成调和的基本方法如下。

A. 方向调和。构成中要设定一个主要方向，和一个或几个辅助方向。在方向上分出主次，一是为了易于形成有秩序的整体。二是便于把握作品的运动趋势。因为每一个形态都具有自己的轴线，这些轴线都能产生一股具有方向的力。当形态做直立状时能产生出一股向上的力；当形态做发射状时会产生出一种放射的力。当形态倾斜时，如偏离垂直较

图2-2-30 Philip系列产品

图2-2-31 精工雕琢木餐具设计 Aurelien Barbry

小则有向垂直归正的趋势。如接近水平方向的倾斜，则有倒向水平的趋势；如接近45° 的倾斜，则有向对角线归正的趋势。总之，我们习惯用简单秩序去归正视觉中的变化，从而产生相应的心理效应（图2–2–32）。

B. 体量调和。体量的大小会影响到对重力的知觉感受。立体构成中任何一个组成部分所拥有的重力，都会吸引周围的形态，并影响它们的方向。体量越大的形态，重力感、引力感越强，它们的影响力不可小视。调和体量的厚薄、大小对比关系，分出强弱、主次变化，突出主体（图2–2–33）。

C. 材料的调和。立体构成基本元素都是由不同材质的实体构成。材质本身所带有的各种属性就会对构成效果产生重要影响，如软硬、松紧、刚柔、虚实等不同的质地和性能。材料上的调和，一方面可以从统一材质入手，增加构成元素的整体感、一致性；另一方面可以从表达意象入手，用材质的视觉心理效应迎合所要表现的主观意象（图2–2–34）。

D. 动与静的调和。这是从动象层面上把握构成整体的运动变化，与形态的外貌、结构、方向、位置、体量都有关系。如方体造型的静止、流线造型的流动、集合造型的汇聚等都是力量、动象在动与静上的统一（图2–2–35）。

图2–2–32 EcoWater CES–Water Purifier NextOfKin Creatives

图2–2–33 戴尔Studio Hybrid系列设计

图2–2–34 苹果系列产品

图2–2–35 Ouya游戏主机

E. 色彩调和。材质本身具有天然的色彩，人为也可以改变材质色彩的变化。在对比的因素过多、过于激烈的情况下，可以通过调和人为色彩来促成整体的统一，可以从色相、纯度、明度方面做近似或同一调和（图2-2-36）。

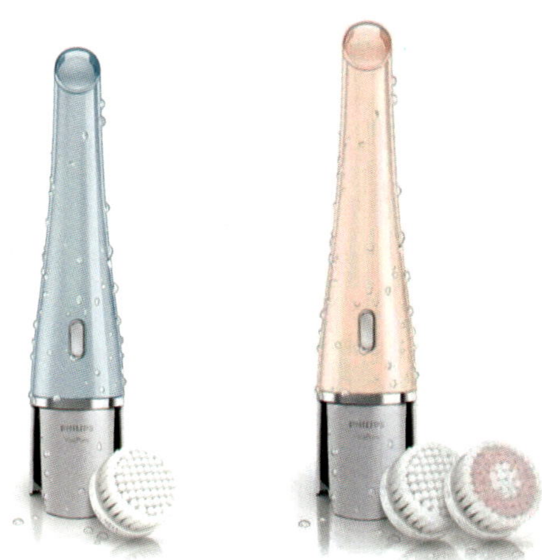

图2-2-36　飞利浦净颜焕采洁肤仪

③ 对比与调和的注意要点。

A. 对比与调和的手法是多种多样的，犹如中国的杆秤一样，平衡没有标准统一的刻度。对度的把握视目的、需求而定，因人而异。在产品设计中，面对产品使用人群的不同，对形态的生动活泼与柔和稳定的要求也不同。在设计上，对产品形态中对比与调和各自的比例把握也非常灵活。

B. 影响平衡的因素很多，除了以上方向、体量、材质、动静、色彩等主要因素之外，还包括人的主观因素，比如作者的喜好、知识，对感兴趣的部分会投入更多的关注。凝聚的视线会使人关注更多的视觉焦点信息，对物质性质（材料）的认知会排除体积重量的误导，如，同等重量的金属和木材、玻璃和泡沫，因为关注的视觉信息（材料信息）在起作用，故会排除体积上的视觉误导而对实际重量做出正确判断，从而保证视感觉的平衡。

C. 对比的本质是反差。其具有的相对性使对比的强度由对比双方共同决定的。任何形态明暗、虚实、动静等形式感都是相对的，在比较中一方存在的任何改变都会对另一方的视觉感受造成影响。同时，环境也是参与对比不可忽视的因素。同一形态处在不同的环境中，表现出的视觉效果可能完全不同。

（2）布局的对称与均衡

对称与均衡是力象在空间布局上的变化与统一。

① 对称。

对称指基本形态以相同或相似的形式围绕对称中心，在周围对等分布。若以点为轴，称为中心对称；若以线为轴，称为中轴对称，这种对等相称的组合关系构成一种绝对的均衡。这种对称结构在自然形态中比较常见，比如几乎所有动物的身体都是对称式的；植物的果实等也是对称式的。这种身体结构适应在自然环境下生存，人们也对对称的结构充满了好感。对称美是最古老的形式美法则，许多美学理论都将对称说成美好的基本标准。中国古建筑大都采用对称平衡的方式布局；古老的器具、衣服、装饰图案是对称的；在现代许多产品设计领域，也有非常多的对称式的设计，如灯具、家具、手机、汽车、飞机等。对称式结构之所以应用这样广泛，是因为它无论是在物理学上，还是在生物学上都是完美的形态。对称是特殊形式的平衡，不仅在制作工艺上便于生产与复制，同时也给我们带来整齐、秩序、稳重、大方的感受。

图2-2-37　Fine水瓶设计　日本

在立体构成中，运用对称式结构需要注意以下两点。

A. 对称结构因为机械、严谨，容易产生呆板、沉闷的感受，因此要注重在对称的结构中寻找变化，用线型、方向、色彩、疏密节奏来增加作品的活跃气氛。

B. 对称式结构会使观者的视线在对称周边来回交替移动。对称的中心会吸引更多的目光，因此，处理对称式结构时要突出中心，否则整体结构会因中心的薄弱而显得空洞、松散（图2-2-37）。

② 均衡。

对称是一种绝对性的形式，如果把对称比作西方的天平，那么均衡就好似中国的杆秤。均衡不强调完全相同的秩序性，而是在自由分布的状态下追求在视感上力的安定与平衡。对称可以在物理学、生物学上都达到同步的平衡，而均衡就变得复杂得多。均衡在造型艺术中并非实际重量的均等关系，而是在形态的体量、大小、轻重、色彩等对比悬殊的情况下，调整构成因素空间的结构关系，达到微妙的视觉体验上的平衡。与对称相比，均衡更富于变化，更为自由、活泼、个性、多样、灵动，它是动态张力的平衡，是在静中求动。

在立体造型中，运用均衡式结构需要注意以下两点。

A. 均衡虽然没有中轴线，却同样不可忽视对中心的强调。但与对称式结构不同，均衡结构的中心不一定限制在正中间的位置，可以灵活地向周围偏移一些。在远离中心的位置还要设置一个副中心，形成主次两个相互呼应的力的中心。否则作品整体会因为失去中心而变得杂乱、无序，或因中心的孤立而失去运动的变化。

B. 对均衡中力的把握对作者的视觉感受与心理体验要求很高。要注意对不同颜色、不同形态、不同体量、不同质感的形体心理量感的体会。形体相对中心位置的距离远近也是影响重力平衡感的重要方面。重的形体要离中心点近些，轻的形体要离中心点远些。在构成过程中要合理处理各种造型要素，使它们在相互调节下达到一种富有动感的平衡效果。如果处理不当就会出现杂乱、失衡的后果。如图2-2-38所示的HLD 1000吹风机，手柄略微细长，风口略微粗短，以达到视觉均衡。

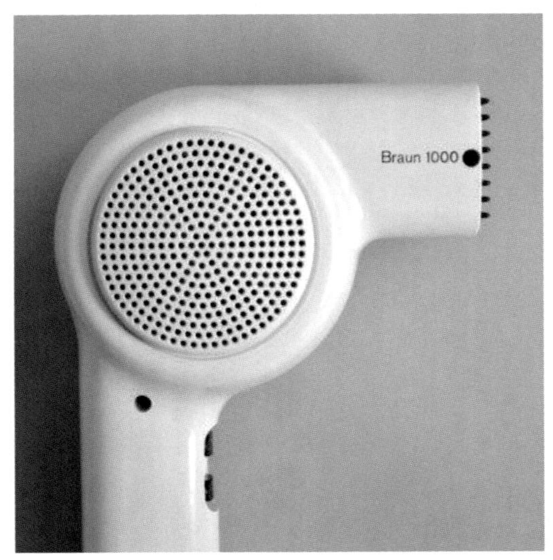

图2-2-38　HLD 1000吹风机　布劳恩

（3）地位的主体与宾体

主体与宾体又称为主次关系，是指各形态主要部分与次要部分之间的呼应组合关系，是“多样与统一”美学原则的又一具体体现。

在立体构成中，各组成部分之间的关系地位并不完全等同，我们往往将形体较大、表现力丰富、感染力强烈的形态及关系作为构成的主要部分，称为主体。主体决定了构成的形象和意境，具有聚焦视线与统领整体布局的作用。宾体作为次要部分，是主要部分的补充、呼应。宾体在构成中起到了丰富、充实作品内容、表情的作用。主体与宾体是相互依存、相对而生的概念。没有主也就无所谓宾，没有宾也就称不上主。同时主体与宾体地位均等并相互影响。主体具有显性的作用，影响宾体的风格导向、关系取舍；宾体的作用带有隐性特质，使整体变得丰满、多样、生动。在烘托主体的过程中，使作品产生一种内在的凝聚力；在主次节奏中，使作品的整体协调统一，使作品的主题得以淋漓尽致的完美表现。

在立体构成中，可以通过以下几个方面突出主体。

A. 形态体量方面，形态体量越大，对视知觉的吸引力也就越大。

B. 形态趣味方面，最富戏剧性的形态更能吸引人的视线，而成为主要部分。

C. 放置位置方面，不同的位置会导致不同的注意力。放置在造型中主要位置更能引起人的注意。立体构成中的主要位置往往在整体的中心或靠前的位置，两边或靠后的位置因距离人的视觉中心较远而成为次要的部分（图2–2–39）。

图2–2–39 飞利浦空气炸锅

（4）秩序的节奏与韵律

节奏和韵律主要强调构成的秩序性。基本形态按照一定的秩序有规律地进行阶段性的变化，如音乐一般，造型极富节奏感、韵律感，能传达人跌宕起伏的内心变化。

① 节奏。

节奏原是音乐术语，是指在高低起伏变化的秩序中出现的用以间隔时间的节拍。有了统一的节奏，音乐就会循环有序地反复变换。节奏是音乐的骨干，是乐曲结构的基本因素。节奏的本质是反复。延伸到造型艺术中，节奏是形态诸要素有规律地反复出现，是形态排列组织的动势上，由静到动，再由动到静；由曲到直，再由直到曲等连续交替排列的现象。

节奏能表现运动的过程。重复的结构间隔了空间，也标志出视觉流程中的时间点。强弱交替出现的变化给人以强烈的运动感。

节奏能对应情绪的高低。快慢强弱的节奏不仅能够对应出人的呼吸、脉搏等生物节奏，甚至能够影响人的心跳、血液循环的生理节奏。如强烈而紧凑的节奏让人感觉紧张、热烈、兴奋；柔和、舒缓的节奏让人感觉放松、安详、平和。

节奏更能给人以和谐的美感。节奏强调统一的一面。人类对秩序具有强烈的依赖感，一旦打乱了生活的节奏，人就很容易失去安全感。秩序就是节奏带给人平稳、安定、和谐的美感（图2–2–40）。

② 韵律。

韵律原指诗词中的平仄格式与押韵规律，它强调在反复中的变化。诗歌的韵律是由押韵与等量的字数来限定多情的文字语言；是在节奏的基础上有规律的变化；是在秩序的基础上做丰富、自由的表达。节奏是一种理性美，而韵律是一种情感美。韵律强调变化的一面。延伸到造型艺术中，韵律是在数列秩序引领下，形态诸要素间的形色秩序变化，是作品在节奏骨干支撑下填充进的内容。

韵律能表现运动的丰富性。抑扬顿挫、起承转合、迅疾迟缓等，在呆板、机械的重复节拍内做各种丰富的运动变化。

韵律能传达情感细微的变化。通过细微的形式变化才能区分出缓慢的节奏中是安详、温馨还是忧郁、低沉，急促的节奏里是欢快、热烈还是不安、恐惧。

韵律能给人以生机与活力。生命因多变而鲜活。只有变化才能在和谐的基础上孕育出生命，焕发出生机（图2–2–41）。

图2–2–40　灯饰设计

图2–2–41　巨大的Sudeley座椅　Pablo Reinoso

③ 在立体构成中，形态的节奏和韵律是通过材料的形态、色彩、肌理在立体空间中有秩序地进行起伏、交错、渐变、重复等整体有机的布局与变化获得的。相同的造型要素有秩序地反复出现形成节奏。通过材质、大小、方向、色彩、肌理、轻重、虚实等方面的变化追求理性统一下的优美、高雅、精致等不同个性的韵律表达。

在立体构成中，节奏有时是空间上的等量划分，有时是形态上的等量重复，有时是色彩、肌理上变化关系的反复出现。总之，重复的形式或显现，或隐蔽，形式方法多样，需要在实际运用中灵活把握。韵律就是从立体构成各造型要素的规律性变化中寻求突破，在形态的度与量、结构的布局、组合中寻求变化。节奏与韵律是相辅相成不可分割的一对。在立体构成中大致可分为重复、渐变、自由、特异四种不同的节奏、韵律。

节奏、韵律在立体构成中的注意要点如下。

A. 节奏强弱变化与数列有密切的关系，等分、等差、等比、调和等数列比例带来的轻重缓急的节奏感都不尽相同。形态因素交替和反复的密度大，色彩、肌理对比强烈，容易产生紧张、焦躁的心理反应。反之，形态因素交替和反复的密度小，色彩、肌理反差较小，就会使人产生舒缓、放松的状态。如图2–2–42所示的路由器边缘均匀分布的等分小孔，与整体比较反差较小，无心理不安感，且也是可以随意卡放支架脚位置的卡孔。

B. 形态的对比可以丰富韵律的表情。形态的造型变异出多样的“音色”。弯曲代表柔和、平直表现直硬、线型延伸抒情、块体顿挫有力，形态的布局及色彩变化交织出内心的“旋律”。关系单纯则淡雅清幽，关系复杂则浓烈饱满。但要注意“度”的把握，不可过于偏激，否则就会过于单调或杂乱（图2-2-43）。

C. 在立体构成中，具体的操作方法有用材料分割空间的秩序变化、组织安排材料方向上的秩序变化、控制材料的粗细变化规律、编排材料色彩、肌理的变化节奏、摆布材料空间疏密的节奏变化等（图2-2-44）。

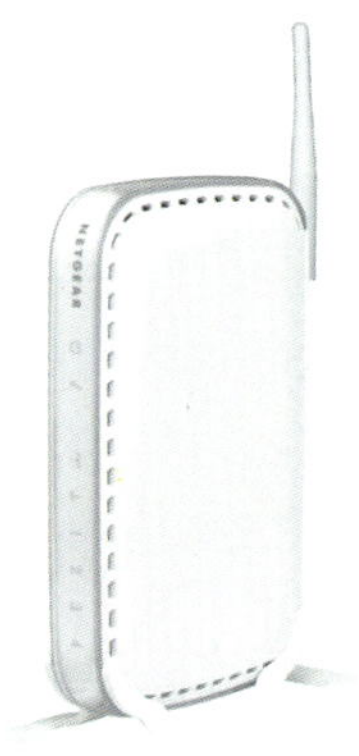

图2-2-42　NETGEAR WGR614v7路由器

图2-2-43　Seams系列传统陶瓷工艺　Benjamin Hubert工作室

图2-2-44　音响设计

2.3.4 设计实例分析

利用单位形态的大小变化和虚实变化来造型。将单位形态根据上述规则进行排列组合，将会产生视觉延伸的立体效果，形成崭新的体面关系。

如图2-2-45所示为日本IFJ品牌创意设计的KAMI系列木质碟子。轻薄如纸的KAMI系列木质碟子有4种不同尺寸，可套嵌收纳节省空间。最大尺寸的碟子可用作托盘，而最小尺寸的碟子可作为KAMI系列杯子的杯托使用。

在玩滑板的时候戴上护膝和头盔等安全防护护具是非常明智的选择，而防护工具也要贴合自己的身体才更好。设计师Subinay Malhotra研发了这款网格化的防护工具，蜂巢结构坚韧、气密性强，重新设计组合功能性好，外观炫酷，性能优良，自由剪裁成适合用户身材的样式，非常具有创新性（图2-2-46）。

图2-2-45　KAMI系列木质碟子

图2-2-46　网格化的防护工具　Subinay Malhotra

2.4 立体构成的形态类型

立体构成是针对实体材料的分解与重构，所有的形式美法则与意象创造都必须通过实体化的思考。立体构成中的任何形态都是一个“体”，包括点、线、面，都具有长度、宽度、高度、重量、体积。因此，立体构成的形态里就包含了点立体、线立体、面立体和块立体几个主要类型。此外，还有两个比较特殊的类型，一个是介于平面与立体之间的半立体；另一个是由实体限定、围合出的虚空间。

2.4.1 半立体

半立体是在平面二维空间的基础上，通过剪裁、切割、拉伸、折叠、粘贴、卷曲、模压、撕挖、堆砌等基本手段，增加一定限度的空间进深，使其具备一定的凹凸层次。之所以叫作“半立体”，是因为虽然它占据了三个维度的空间，但是其欣赏面只限定在二维平面的范围，和欣赏绘画作品一样，只能从作品的正面前方欣赏，而不能像建筑、圆雕一样从上方与四周全方位地观赏。雕塑中的浮雕、镂雕和一些手工镶嵌画都属于半立体的范畴。

半立体因打破了平面的状态，在侧光的参与下，能突出空间进深的光影变化和含蓄微妙的空间层次，具有丰富的视觉效果。半立体从平面到立体的初步过程，是立体构成最基本的训练。

常用方法有：切线（图2-2-47）、折叠（图2-2-48、图2-2-49）、剪切（图2-2-50、图2-2-51）、拉伸（图2-2-52、图2-2-53）、粘贴（图2-2-54）、卷曲（图2-2-55）、模压（图2-2-56、图2-2-57）、堆砌（图2-2-58）。

图2-2-47　切线方法半立体

图2-2-48　折叠方法半立体

图2-2-49　墙面肌理

图2-2-50　剪切方法半立体

图2-2-51　陶艺

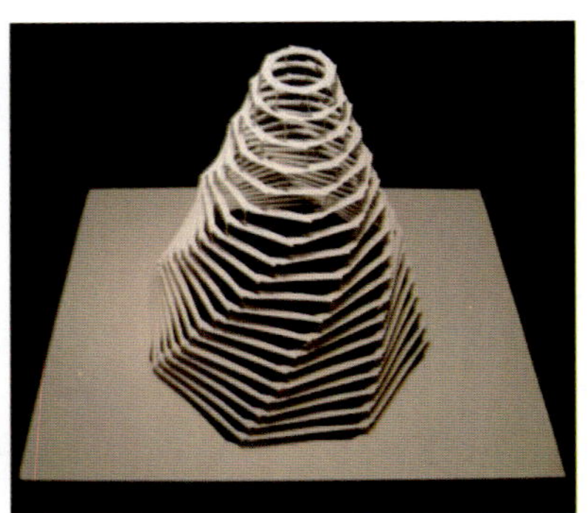

图2-2-52　拉伸方法半立体

图2-2-53　墙砖肌理

图2-2-54　粘贴方法半立体

图2-2-55　卷曲方法半立体

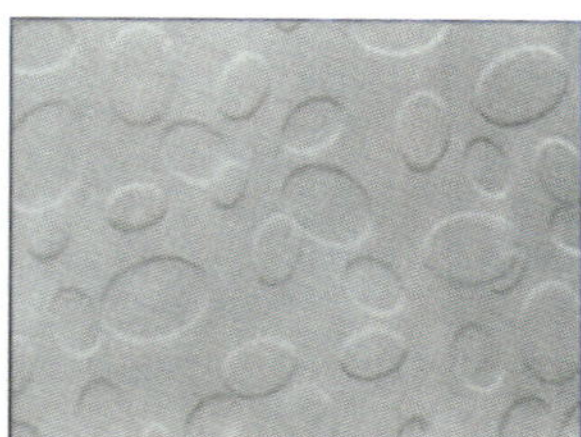
图2-2-56　模压

图2-2-57　月饼压花

图2-2-58　堆砌

2.4.2 点立体

（1）点立体的视觉特性

立体构成中的点与平面构成中的点有很多共通之处，比如形态相对微小、玲珑活泼、凝聚视线与表达空间位置等视觉特性。与之不同的是，立体构成中的点存在于三维空间，同时具有材质、体量和重量，如珠子、纽扣、米粒、图钉等。因此独立的点不能够在三维空间中单独存在，不能漂浮在空间中的任意位置，必须依靠其他材料的辅助、支撑才能成立（图2-2-59）。

图2-2-59　点构练习

在立体构成中，同样存在积极独立的点与消极隐退的点，如前面所述的珠子、纽扣，它们具有独立的体态，就属于积极独立的点。消极隐退的点是指点依附于其他形态而存在，虽然具有点的视觉特性，但作用比较隐蔽，如支点、角点、连接点、细部肌理中的点等。

角点是形体棱边的汇聚点及因多条棱边汇聚所指向的紧缩空间。角点具有内聚向心的力象和外散离心的力象，因角度、空间的不同而造成不同的心理感应。在构成设计中角点的空间特性不可忽视。

支点、连接点、细部肌理中的点，同样比较隐蔽，但如果处理不当，也会影响整个作品的稳定性、精妙感。

（2）点立体的构成

点立体因其体量限制，在空间中不会单独出现，在立体构成中，要么与线、面、体等其他形态一起综合构成运用，要么依靠自身数量上的优势增加视觉表现力度。

在综合构成中，点立体往往起到画龙点睛的作用。点立体虽体态较小，但单独的点立体出现在空间中，具有很强的视觉张力，并且张力的大小与点在结构中的位置直接有关。放置在主要且醒目的位置上，张力最大，且产生踏实、安定的感觉；放置在偏侧的位置上则张力、凝聚力相对减弱，且容易造成紧张、不安的感觉。具体运用与空间特性具有多变性、复杂性。影响视觉感受的因素很多，需要根据具体情况和整体上其他形态及结构的配合具体分析处理。

如图2-2-60所示，单独的点立体具有凝聚视线、紧缩空间的作用。

点立体的聚集排列，因体量的汇聚而增加了构成整体的力量感和空间感。此时的点立体个体凝聚视线的张力减弱，但突出了玲珑、活泼、跳跃的个性。

立体构成中，可以将点立体秩序地排列成虚线、虚面、虚体，也可以自由地汇聚成松散的整体与空间。

大小相同的等距、整齐排列会给人秩序井然、规整划一的感觉，但容易造成单调、呆板。改变大小或色彩，能够增加作品活泼、灵动的效果（图2-2-61）。

图2-2-60　光之秘密蒲公英灯

图2-2-61　点立体构成

大小不同、距离渐变排列的点立体，能够夸张空间的进深感，整体上层次丰富、节奏跳跃，又不失秩序统一。

大小相同或不同，自由聚集的点强调汇聚的力量与动势，突出自由、多变与生机感（图2-2-62）。

点的立体构成需要注意的要点如下。

A. 点因不能独立存在而需要支撑，在具体材料上的运用要尽量隐退支撑的材料，才能突出点的视觉特性。

B. 点构成为了保持住点的特性，必须控制好点与点之间、点与周围形态之间的空间距离。距离过于紧密容易向实线、实体发展，而失去了点的特性；如果过于松散就会削弱整体的凝聚力量，产生分离的效果。

图2-2-62　点立体构成

（3）点立体在产品设计中的应用

图2-2-63中的灯具作品给人以精美极简的平衡美感，灯具宛如一个体操吊环运动员在空中亮相，虽然纤细且不对称却力量感十足。作品运用点和线的二维平面构成，展示出了三维的立体空间，很好地解析了平面设计与三维设计之间的密切关系。

图2-2-64中复古风格的创意灯具设计作品，从造型上可以看出，点、线、面三个构成要素在这件产品上都有体现，皮革与金属的搭配也是相得益彰，能够流露出清新的复古风。从平面角度分析，要想从二维平面延伸到三维立体空间，只有将空间作为平面设计的载体，环境作为其条件，平面设计才能更好、更有意义、更准确地进行视觉、味觉、知觉的传达。

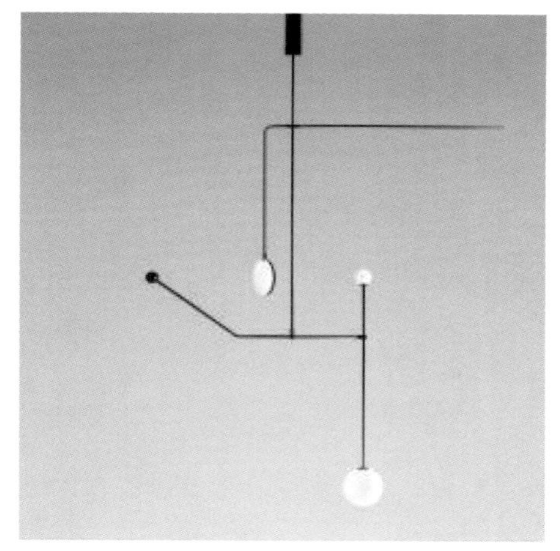

图2-2-63 MichaelAnastassiades Mobile Chandelier

图2-2-64 创意灯具设计

2.4.3 线立体

（1）线立体的视觉特性

在立体形态中，只要它的长度、粗细比例符合我们对线的认识，具有连续性和轮廓性，都可以称为线。线立体也可分为积极的线立体和消极的线立体。积极的线立体如电线、毛线、自行车轮上的轮胎与辐条、铁路上的轨道等独立存在的线型材料。消极的线立体如狭长的缝隙、形体的棱边、夜空中的光柱等虚幻、隐退的线。

线立体的视觉特性与平面构成中线的表情特性基本一致，只是增加了材质、肌理上的复杂性变化。因此对立体构成中线的感受要与材料感受相结合。

从材料上区分，有铁丝、电线、毛线、丝线、纱线、尼龙线、麻绳、塑料绳、玻璃棒、木棒、树脂棒等，色泽、肌理不同，给人的视觉感受也不同。金属材质的线材给人以冰冷、强硬的感觉；棉麻质感的线材给人以温暖、柔和的感觉；表面粗糙的线材给人以粗犷、古朴的感觉；表面光滑的线材给人以细腻、温柔的感觉；粗棒状线材刚强有力；细丝型线材纤弱灵动。材质有千万种变化，感觉就有千万种可能。

从线型的软硬度区分，可分为软质线材、弹性线材和硬质线材。线材的软硬度不同，表现力也有所不同。

棉、麻、丝等材质的线材属于软性线材。软质线材因为质地柔软无法靠自身支撑，通常利用编结、缠绕硬物的方式增加自身的支撑力，或者通过悬挂、垂吊等方式固定在支撑物上。因线条自身的柔弱性往往成线群排列，或交错或平行，做成虚面或虚体。软质材料柔和多变的肌理效果整体上给人以温柔、闲适的视觉感受。

木材、玻璃、陶瓷等材质的线材属于硬性线材。由于质地坚硬，无法弯曲变形，因而硬质线材多以直硬的面孔出现，通常被用作支撑材料、框架材料。因其粗壮有力，在需要相互聚集配合使用时，数量、间距也会控制在一定范围内，过多、过密的聚集很容易造成整体上的粗笨、沉闷。硬质材料整体上给人以正直、刚强的视觉感受。

金属、树脂、塑料等材质的线材属于弹性线材。其硬度介于软、硬之间，比软性线材挺拔，但在外力的作用下能够弯曲变形，所得的曲线圆滑、饱满、流畅，富有弹性，具有多变性、表现性，象征青春的动感与活力。弹性线材因在可塑性、表现力方面的特长而成为立体构成中应用广泛的线材。

此外，一些附加的手段也可以丰富线材的视觉表现。如染色、喷漆、烧灼、腐蚀等处理，通过丰富肌理、改变色泽来丰富线材的表情。线材不同方式的排列组构也会呈现出不同的视觉效果（图2-2-65）。

图2-2-65 LC-8018S铁线潘东休闲餐椅

（2）线立体构成

线材在构成中，往往也是成群地集聚。只不过聚集的数量由单个线材的力度、强度决定，它们之间呈现反比的规律。根据线型线质的不同，通常有以下几种构成方式。

A. 线织面或体：通常以软性材料为主。线与线相互交织出面或体的感觉，但较实体具有松动、轻盈、多变的优势（图2-2-66、图2-2-67）。

图2-2-66 线构练习

图2-2-67 丝绸椅子 Marcel Wanders

B. 伸拉结构：线的拉法是线构成的关键，平拉线、垂直拉线、斜向拉线、平行拉线、交错拉线、等距离拉线、渐变距离拉线、密集拉线、疏松或跳动拉线都能使线的构成产生变化。线的拉法能产生节奏，能产生发射和渐变，能产生对比等形式（图2-2-68）。

C. 密集排列：针对硬质材料，做纵向密集排列构成，形成通透的虚体。线材长短的秩序变化会在构成整体上形成高低起伏的视觉变化（图2-2-69、图2-2-70）。

图2-2-68　拉伸的吊桥

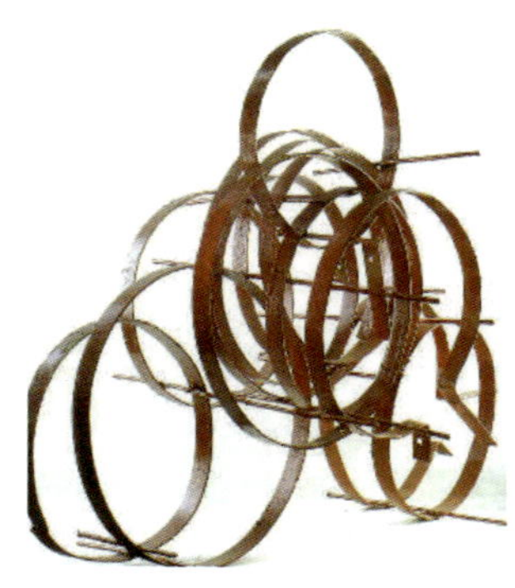

图2-2-69　密集构成

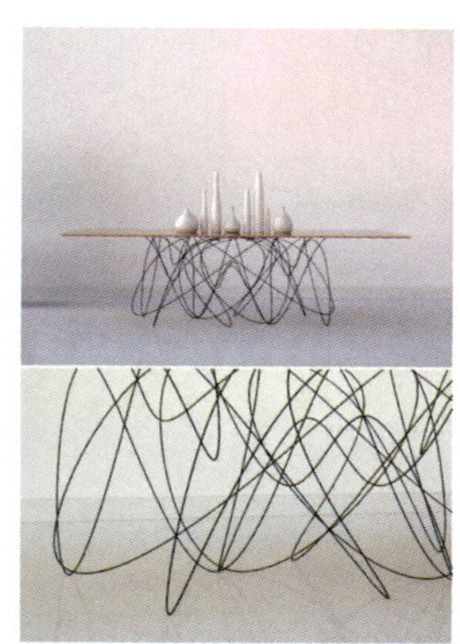

图2-2-70　量子运动桌　Jason Phillips

D. 框架结构：利用硬质的线材固定节点，有秩序地架构出空间的结构、层次，富有穿透性和深度感，在整体和细部上寻求变化（图2-2-71至图2-2-73）。

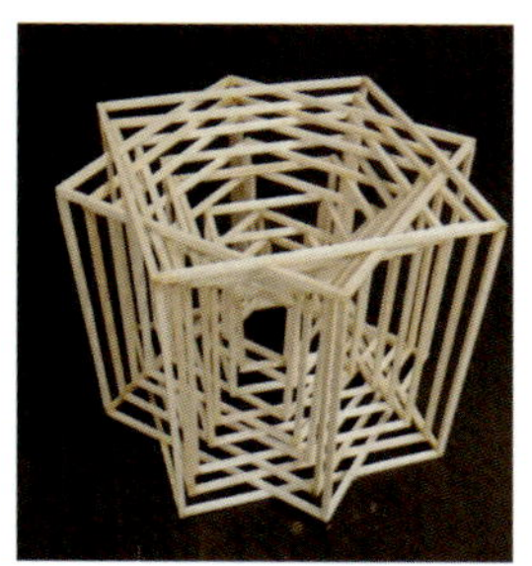

图2-2-71　框架构成练习1

图2-2-72　框架构成练习2

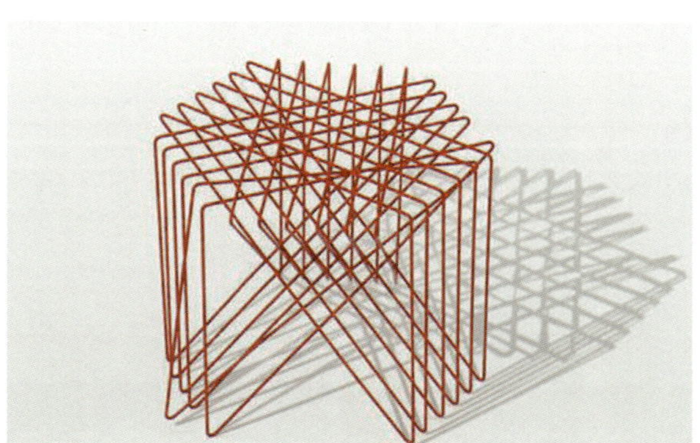

图2-2-73　Kagome凳子　Shinn Asano

E. 垒积构成：线材的层积式结构间靠重力与摩擦力相互连接。能承接来自上方的重力，但不能承受来自侧方的推拉之力。受到松动节点的限制多以秩序为基础追求适度的变化。垒积形态可以向左右寻求边线上的节奏韵律变化（图2–2–74、图2–2–75）。

线的构成方法还有很多。在处理一件构成作品时常常要综合运用多种方法，如编织结构与线织面结构必须依附于框架结构；累积结构结合框架结构等。法无定法，一切手段都要根据材料与表现意图的需要灵活运用。

线材在空间中的组织结构风格大体可分为两种类型：线的秩序构成和线的自由构成。

长短不一的组合排列构成曲面的空间变化，密集的线构成面，让一部分的硬质线固定在面板上，上下位置的起伏，前后曲面的穿插，形成了很好的空间形态（图2–2–76）。以发射的方式，将各硬质线由发射中心向四周排列，或离心式，或螺旋式，让一部分骨骼线变形、弯折，产生很强的视觉中心和有力的动感（图2–2–77、图2–2–78）。

图2–2–74　悉尼折纸洞穴紧急避难所　LAVA

图2–2–75　垒积

图2–2–76　Muscle bench　Alexandre Moronnoz

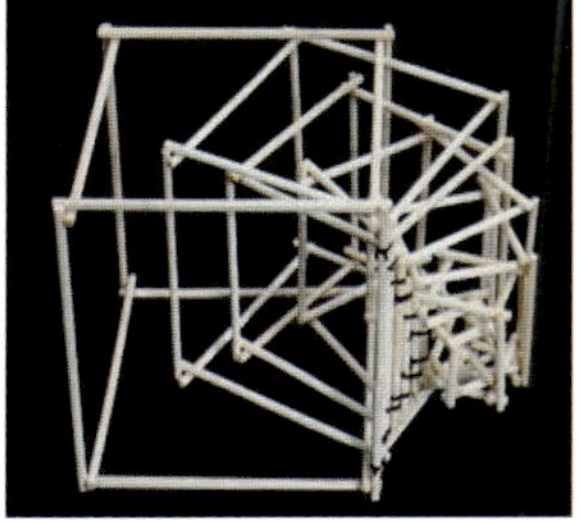

图2–2–77　线构练习

图2–2–78　楼梯

在线立体构成中需要注意的问题如下。

A. 力的不平衡现象要考虑到各种承受能力。

B. 框架是支撑软质线的不可缺少的主体。在制作框架时要预留出可供软质线材固定用的空间，如卡口、孔洞或金属线圈上的凹槽等。同时，要计算好卡口或空洞之间的距离，这会直接影响到后续软线的缠绕效果。

C. 线立体构成是以线材为主要视觉材料的构成，可以运用其他材料，如点材、面材、块材等。在多种材料综合运用时，一定要突出主要材料，以免出现杂乱、无序之感。

（3）线立体在产品设计中的应用

线立体在产品设计中的应用案例如图2-2-79至图2-2-83所示。

图2-2-79 BEND的彩色线家具1

图2-2-80 Eames塑料扶手椅

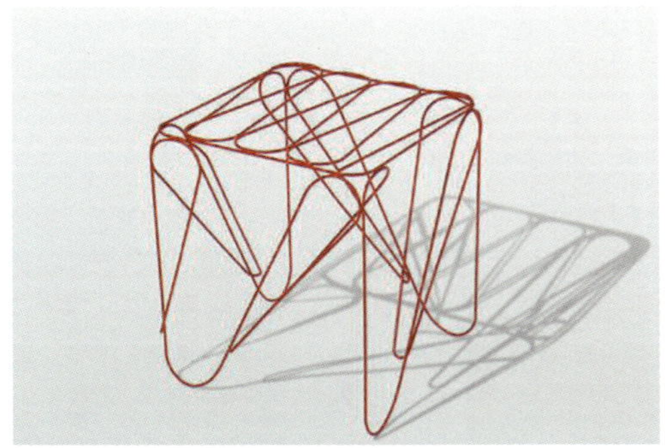

图2-2-81 Ippon凳子 Shinn Asano

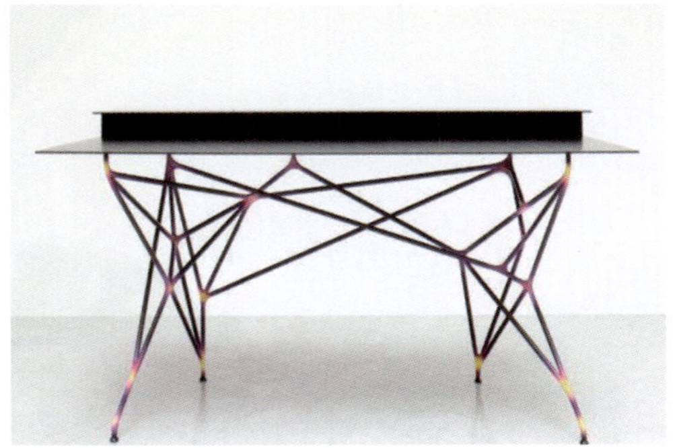

图2-2-82 multithread系列家具 Reed Kram、Clemens Weisshaar

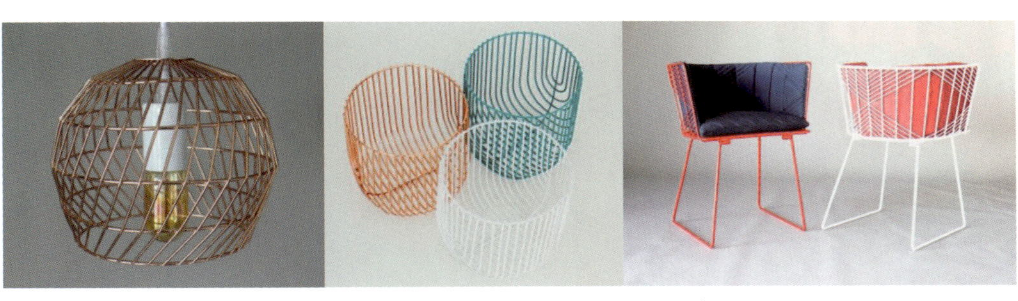

图2-2-83 BEND的彩色线家具2

2.4.4 面立体

（1）面立体的视觉特性

面立体是同时具有长度、宽度、厚度的实体，只不过厚度相对于长度、宽度来说，比例相差很大，容易让人产生面的判断，而不是实体的感觉。

作为单独的面立体，从形态上可分为几何形面立体、自由形面立体，所传达出的视觉特性也与平面构成中相应面的视觉特性如出一辙。与平面型不同的是，面立体具有多变性，从侧面观察，面的厚度给人以线的感受，将面弯曲、围合，又给人以体的认识（图2-2-84）。

面立体也分为积极的面与消极的面，积极的面立体是具有实体的面，如墙面、桌面、纸面；消极的面是占据虚空的面，如门洞窗洞、阴刻剪纸、镂雕花窗等。积极的面可以分割空间、围合形体，而消极的面则可以通透空间、内外呼应。一实一虚的两种面立体相互交织相辅相成，共同划分出虚实变化的张力空间（图2-2-85、图2-2-86）。

图2-2-84 蝴蝶桌椅 Nanna Ditzel

图2-2-85 面构习作

图2-2-86 Chatterley座椅 Kranen、Gille

面立体的视觉特性还因其材质而复杂多样。与材质的透光度、反光度、硬度、厚度、色彩、肌理、镂空装饰都有关系，大体上看，玻璃板通透、坚硬；木板敦厚、柔和；金属板锋利、尖锐；塑料板梦幻、时尚。具体的视觉特性要根据实际情况细细品味（图2-2-87、图2-2-88）。

图2-2-87 家具和灯饰 潘顿 丹麦

图2-2-88 家具设计

（2）面立体构成

① 单独面立体的变化构成。

面立体因其体面具有方向性、延展性，可以通过折叠、剪切、翻转、伸拉等方式寻求空间上的多变性。面立体的围合，可以变成镂空柱体、薄壳构造或虚或实、或开或闭的效果。面立体有分离空间的作用（图2-2-89）。

② 多个面立体的组合构成。

面有着强烈的方向感，面的不同组合方式可以构成千变万化的空间形态。

面与面之间可以通过卡接、叠加、退层、重复排列等方式组合变化（图2-2-90至图2-2-92）。

图2-2-89　面构围合、镂空习作

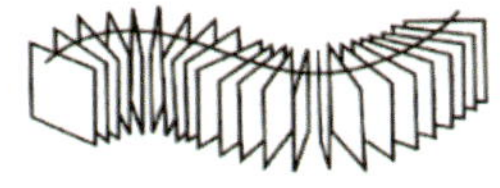

图2-2-90　面的排列

图2-2-91　面构成叠加习作

图2-2-92　面构成叠加、卡接习作

（3）面立体在产品设计中的应用

面立体在产品设计中的应用案例如图2-2-93至图2-2-96所示。

图2-2-93　明代罗汉床

图2-2-94　Honeycomb Lamp　Koichi Okamoto

图2-2-95　基座　Jen Stark　美国

图2-2-96　球灯　Normann Copenhagen　丹麦

2.4.5 块立体

（1）块立体的视觉特性

块立体是完全封闭的立体，是形态要素中体量感最强的要素，比面立体与线立体具有更明显的空间占有特性。如山石、建筑和体积庞大的动物等，能给人以充实、厚重的体量感和稳定、结实的心理感受。块立体是现实中数量最多的形态，由于块立体拥有连续的面，因此具有更多变化的可能和更强的表现力度（图2-2-97、图2-2-98）。

图2-2-97　家具产品设计　Bouchti Amin

图2-2-98　模型泥塑

块立体按形态可分为几何形块立体和自由形块立体。

几何形块立体以它简洁的造型和高效的空间利用率，使其在人为的第二自然环境中被广泛运用。如方体，建筑、包装、家具等多以它为基本形体，方体更给人以平稳、安静、庄重、严谨、安全的视觉感受；圆柱体，用流畅的曲面代替了棱边的转角，既柔和流畅又具有高度的向心性、围合力，给人团聚的感觉，小到节庆时敲打的鼓、日常用保温杯，大到古建筑中的圆柱都采用了圆柱体造型；圆锥体是圆柱体的变体，是由一条斜线固定上端顶点，另一端点沿正圆运动而成，一些屋顶设计、玩具设计中采用到此种造型，圆锥体给人一种移动上升和自我中心的感觉；球体是最原始的形体，具有强烈的紧缩感、封闭性和内聚力，给人以充实、圆满的感觉，是一个既规整秩序又动感活泼的形态，像篮球、排球、瑜伽球等。除了作为运动的器械之外，在现实生活中，因球体容易滚动，常常依附、固定在其他形态之上，如灯泡、球形建筑等（图2-2-99、图2-2-100）。

在日常生活中，纯粹的几何形体数量还是相对较少的，更多的还是在几何形体基础上进行组合变化出的自由形块体。自由形块体丰富多变，表达的情感意境丰富多样。

图2-2-99　Ark Nova 充气音乐厅　日本

图2-2-100　“水滴”灯泡

（2）块立体构成

块立体构成练习就是针对基本几何形体，做体量上的加减及空间上的分割、组构，既利用了几何形体潜在的逻辑性和精确性所富有的表现力度，又打破了几何形体呆板、静止、缺乏活力的局限，通过形变，创造富于生命活力的新形态（图2-2-101）。

图2-2-101　日本轻井泽博物馆

任何材料都具有体块形态，但在构成练习中，由于方法手段的限制，处理不了工艺复杂的材料，因此，就选择一些比较常见、易于把握的材料，比如水泥、胶泥、陶泥、木块、石块、石膏块、泡沫块、塑料块、合成树脂块及现成的各种包装容器等。各种不同的材料由于它们的色彩、肌理、形状不同，会给视觉心理带来不同的审美效果。

块立体构成的基本方法。

① 单形的减法创造：在对基本形的减缺中创造新的形态。如同雕塑中雕的方式，利用工具将多余部分削减掉，从大幅消减到精细刻画，逐步深入地接近理想中的形态。常用的方法有雕刻、砍削、腐蚀、灼烧、剪切等（图2-2-102）。

② 单形的加法创造：在对基本形的附加中创造新的形态。如同雕塑中塑的方式，在基本骨架与粗略形态的基础上，增添新的附加形态，从而使简单形体变化成复杂形体。与单形的组合不同，它是围绕一个主体形象的自由塑造。常用的方法有堆塑、黏合、镶接等。

③ 单形的扭曲变形：在不改变基本形态体量与整体感的情况下，通过外力改变外观形态，使冷漠的几何形体向有机形体转化。常用的方式有扭曲、膨胀、倾斜、盘绕等。变形后的形态往往更具有人情味，富有动态张力，或因不稳定而产生活泼生动的趣味感（图2-2-103）。

图2-2-102　标识设计

图2-2-103　玻璃钢摆件

④ 单形的分割重构：同样在不改变总体体量的情况下通过切割移动，以全新的结构呈现形态的丰富变化。单形的分割重构需要注意的是，为了奠定变化之后的多样与统一的基础，在分割时要同时兼顾切割的秩序感与多变性，将原几何单体按照一定的比例、方向进行切割，切割的小块不宜过多，否则会造成凌乱、琐碎，破坏整体感。尽量追求分割的多样性，如正六线切割、斜线切割或弧线型切割，以满足变化的需要（图2-2-104）。

⑤ 多形的排列组合：将多个相同或相似的几何块材用集合的方式排列组合，从方向、位置、体量上做渐次、均衡变化，各个单形之间互相关联、协调，共同构成富有节奏韵律的统一整体。采用的方法依具体材料而定，常用的方法有焊接、粘贴、卡接、钻孔串接等。

多形的排列组合需要特别注意以下几点。

A. 各部分之间在进行前后穿插错落时，要自然过渡，避免生硬拼凑。

B. 在动势的追求上，在保持整体体量感、厚重稳定感的前提下做适当运动变化，通常小的形体动势微妙则含蓄亲切，动势强烈易流于粗笨；大的形体动势宜强烈，动势过小易流于柔弱。

C. 特别注意实体与空间的关系，要有强烈的一体感，又不能过于拘谨、呆板。多形的排列组合因便于大规模生产、运输和安装，被广泛运用于建筑与家具设计当中（图2-2-105）。

图2-2-104　“GVAL”椅子

图2-2-105　Quartz石英扶手椅

（3）块立体在产品设计中的应用

几何平面体有简练、大方、稳重、严肃、沉着的特点，如埃及金字塔是底部为正方形，四面为三角形的锥体造型，矗立在广袤的沙漠上，给人稳定、恒久、醒目的感觉。

立方体稳定、简洁，具有十足的现代感。自从福特生产了T-Model车以来，立方体的造型就一直被大众认同为最符合经济效益、最具流行性与现代感，而开始大量应用到日常生活各类产品上，如家具、冰箱、电视等很多产品都使用尖锐、直线、干净利落的立方体作为基本造型。立方体具有高度平衡作用，外形具有安定感，但有时又令人觉得单调，因此在利用立方体作品造型出发点时，就必须要注意到大小、比例、分割的技巧运用，在单调中又带一些趣味（图2-2-106）。

几何曲面体，是由几何曲面所构成的回转体，例如圆球、圆环、圆柱等。特点是表面是几何曲面，秩序感强。其中球体是三次元中最完整的形，具有浑然一体的感觉，它在我们的日常生活中扮演着非常重要的角色，许多东西都是以球体为基本形而构成的（图2-2-107）。

图2-2-106　CD播放机　深泽直人

图2-2-107　禅香水包装设计

自由体，包括的范围很广，例如有机体，物体由于受到自然力和物体内部抵抗力的抗衡的作用而形成具有柔和、平滑、流畅、单纯、圆润的曲面形体。它们大多反映的是朴实而自然的形态，如鹅卵石，经河水长年累月地冲刷，其内力膨胀，外表光滑细腻，显得充盈而富有动感，是一种优美的有机形态（图2-2-108）。

自由曲面体，是由自由曲面所构成的立体造型，包括自由曲面形体和自由曲面所形成的回转体，如酒杯、花瓶等。其中，大多数的造型为对称造型，对称又规则的形态加上变化丰富的曲线，能表达既凝重、端庄而优美活泼的感觉（图2-2-109）。

图2-2-108　澳大利亚　躺椅设计

图2-2-109　维奥莱特水晶玻璃红酒酒具套件

2.4.6 虚空间

（1）虚空间的视觉特征

虚空与实体“相反”，虚空是指虚无而可以容纳实体的空当或空隙。虚空又与实体“相成”，没有实体的围合、限定，也就无所谓虚空。反之，任何实体都需要占有一部分空间，人对任何实体的感知也都需要一定的感知空间。虚空从来不因为虚无缥缈而地位轻微，在建筑环境设计中，虚空是主要的研究对象。在产品设计领域，也越来越重视结构的间隙空间、商品的展示空间、产品的使用空间等方面的研究。

虚空间的设计既是针对客观空间的设计，也是针对主观空间的设计。

客观空间是指实体存在所必要的空间。包括实体占据的空间、凸凹肌理延伸出的空间、实体移动需要的空间等，是实体客观上存在所必要的空间。

主观空间是客观空间的延伸，是由人对实体感知的需求而扩大出来的空间。这种延伸打破了时空的限制。

主观空间主要受到两个方面的影响：心理需求和想象。

心理需求是指人对空间的意愿，因人而异。对于狭小的房间，可能缺乏安全感的人会喜欢，而另一些人则感觉压抑；对于宽大的房间，大多数人会感到敞快、舒适，而部分人会觉得空荡、孤独。心理需求的差异与性格、健康、知识结构、经历记忆等都有直接的关系。

想象是指人扩展主观空间借助的手段。人在对实体进行知觉判断时，需要借助思维与联想，将有限的空间扩展到人认为合理的空间范围（图2-2-110）。对运动的想象使人产生预留出运动空间的主观意愿，动势感越强烈，所需的空间就越大；对危险的联想使人在身体周围设定出无形的安全距离空间，越是陌生的关系，安全空间越大。

人对虚空的感知包含着时间与空间的统一、理性与感情的统一、物质与精神的统一。空间设计的最终目的就是为人的感知服务（图2-2-111）。

图2-2-110 虚空间的划分

图2-2-111 苏州园林借景设计

（2）虚空间构成

虚空间构成主要是研究实体和空间的关系，运用形态分析方法探索空间形态的多种表达方式以及对视觉心理的影响。虚空间构成是纯艺术性、实验性的，不受使用功能、材料造价、结构安全的限制。探讨不同空间形态的视觉心理功能、材料与结构因素的视觉心理影响，利用形态要素按照空间组合原则创造崭新的空间形态。针对产品设计专业特点，着重探讨实体的间隙空间和实体与周围的虚空间的呼应关系，培养全方位多元化的空间意识（图2-2-112、图2-2-113）。

图2-2-112 中国风系列U盘创新设计

图2-2-113 LED节能丝带吊灯 时尚美居

① 间隙空间构成。

间隙空间是由实体与虚空间的相互渗透与转化而形成。具有一定深度的空间。通过点、线、面、体等占据或围合而成的三度虚体，具有形状、大小、材料等视觉要素以及位置、方向、重心等关系要素。间隙空间的效果直接受限定空间的方式影响，如在建筑中，半封闭的空间，由墙面、地面、屋顶所限制，通过墙体、地面、屋顶的间隙利用光影产生视觉光影的虚实穿插的效果，给人以暂时的领地感，以及隔离感（图2-2-114）。

全开敞的空间更减少了限定空间的面之间的作用而与四周物体发生了明显的力的作用，形成了更为强烈的连续感和融合感。

② 实体与周围虚空间的呼应构成。

强化空间的造型语义是为了提高立体形态在空间表现的感染力，造型在与存在环境对话中给人视觉、听觉、嗅觉等全方位感受。应考虑到与周围环境的呼应，它的美也因空间的自然状态或人为的雕琢而变得更加灿烂。“天人合一”是中国传统哲学和审美思想的基本精神，这正体现了一种和自然和谐、亲密的关系，即“意”和“境”的高度统一。这样的“统一”也就是我们在立体构成设计当中应该强调的完整性之一。

在构思方案的时候必须考虑环境因素，用灯光明度和色彩的变化来加强它的空间感；用环境与主题形态的反差形成对比加强它的独特性，或许是投影和形态主体的大小、方向变化加强它的表达，使主体形态更加完整和耐人寻味。如图2-2-115中右下方实体位置的摆放方式与左上方空间中密集的点形成虚实空间的呼应效果，构成虚实相生的场景。

图2-2-114 室内间隙空间构成

图2-2-115 实体与虚空间的构成

（3）虚空间在产品设计中的运用

图2-2-112U盘将手柄镂空设计，是一种虚实对比的运用，而图2-2-113利用灯管的线围合成几何造型的椭圆体，在空间中是虚体表现，灯光打开后的光影与灯管的实体构成了向外发射的间隙空间的光影效果。

如图2-2-116所示是瑞典设计师Petter Thorne仅用一张纸设计出的“干湿灯”。设计师把浸湿的白纸出水，然后将纸张摊在圆口支架上，再套上白纱布，为它定型，这样能恰到好处地呈现出褶皱，最后让其自行晾干。把晾干的纸张围在一个标准的低功耗的灯泡外面，在纸张的映衬之下，灯泡发出温暖而柔和的光芒。仅用一张浸湿水的纸张，就“幻化”出了一盏造型优美的灯，设计师的想象力令人佩服。该设计中关灯与开灯便是实空间与虚空间的转换，利用灯的幻光变为虚空间，且向上发展有将虚空间扩大的视觉引导。

图2-2-116　干湿灯　Petter Thorne　瑞典

2.5 立体构成中的色彩、材料、肌理

2.5.1 色彩

（1）色立体

颜色是很难通过语言准确地表述出来的。在人所能识别的八万多种色彩中个性感知上的差异也造成了准确描述上的困难。为了将色彩设计意图准确地传达与交流，以便于复制、生产，一个科学化、系统化的色彩体系建立起来了，这就是色立体。按照颜色三属性，即色相、明度、纯度做成立体坐标，垂直中心轴表示明度等级，半径的长短表示纯度等级，圆周角表示色相顺位，构造成一个色彩树，并命名为“色立体”，所有的色都在其中对号入座。现今世界上流行和通用的色立体有三种：孟塞尔色立体（图2-2-117）、奥斯特瓦尔德色立体（图2-2-118）、日本色研所的色立体。

图2-2-117　孟塞尔色立体

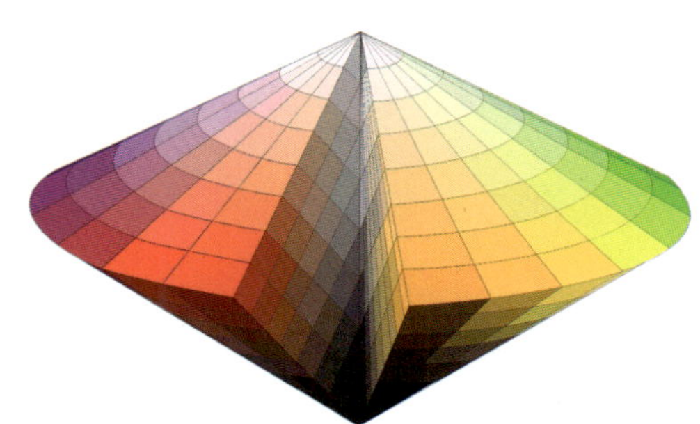

图2-2-118　奥斯特瓦尔德色立体

（2）色彩的对比

一个孤立的色彩无所谓好坏，色彩是在相互对比中呈现出鲜灰冷暖。色彩就视知觉而言，有调性和错视两方面的特性。调性是指因对比而产生的整体视觉效果。错视，是色彩在对比中造成的对色彩判断上的偏差。就色彩自身而言，只要明度、色相、纯度不同，它们之间就存在差异和对比。因此，下面就从这三个主要方面来详细分析不同对比结构所产生的调性与错视。

① 明度对比及调式。

明度指色彩的明暗程度。明度的差异就是黑白灰的差异。将明度从黑到白分为11级，黑为0，白为10。其余的9个明度阶段分成3个基调：1~3级为低明度基调；4~6级为中明度基调；7~9级为高明度基调。根据明度间隔的梯度不同，又可分为长调、中调、短调。长调对比最强，间隔5个梯度以上或跨越一个基调；短调对比最弱，间隔3个梯度以内或在一个基调内；中调介于两者之间，对比适中。将面积超过二分之一、在画面中居于支配地位的基调定位为主基调，小面积的基调定为对比基调，那么，画面中就存在10种不同的调式。高长调、高中调、高短调、中长调、中中调、中短调、低长调、低中调、低短调、最长调。最长调，高明度基调与低明度基调各占画面的二分之一（图2-2-119）。

（a）高长调明快跳跃

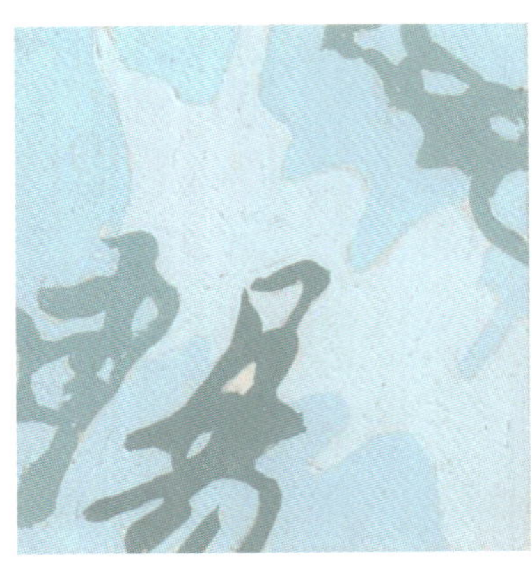
（b）高中调轻柔淡雅

（c）高短调缥缈含蓄

（d）中长调激昂奋进

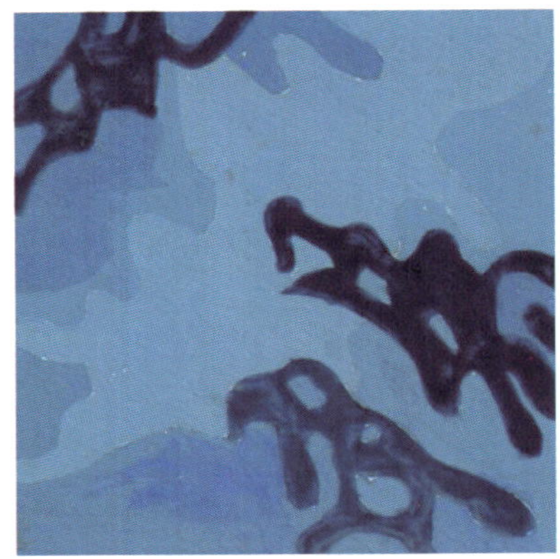
（e）中中调强壮厚重

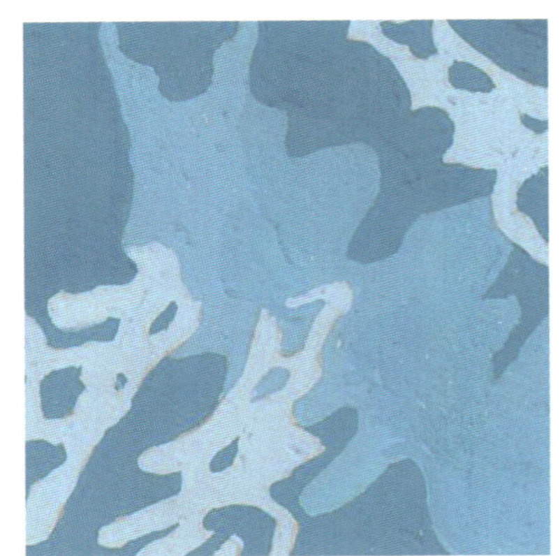
（f）中短调低沉郁闷

（g）低长调威严警醒

（h）低中调忧郁严肃

（i）低短调朦胧深邃

（j）最长调分明强烈

图2-2-119　明度对比

在调式的把握上，不是刻板地计算出精确的面积与梯度，而是要在感性直觉与理性把握中抓住总体的感受（图2–2–120至图2–2–122）。

图2–2–120　陶罐设计

图2–2–121　Tequila 29 Two Nine Rosa/Pink

图2–2–122　巧手三合一沙拉碗　joseph joseph　英国

② 纯度对比及调式。

纯度是指色彩的鲜艳度、饱和度。混合一定比例的黑、白、灰等无彩色系后，色彩的纯度就会降低。将某一色相从纯无彩色到高度饱和分为13级。无彩色为0，饱和色为12。将十三个纯度阶段分成三个基调：12~9级为鲜调；8~5级为中调；4~0级为灰调。

根据纯度间隔的梯度不同，又分为强对比、中对比、弱对比。强对比纯度反差最大，间隔5个梯度以上或跨越一个基调；弱对比纯度反差最小，间隔3个梯度以内或在一个基调内；中对比介于两者之间，对比适中。同样，只要面积超过二分之一、在画面中居于支配地位的基调定位主基调，小面积的基调定为对比基调，那么，画面中就存在9种不同的调式。鲜强调、鲜中调、鲜弱调、中强调、中中调、中弱调、灰强调、灰中调、灰弱调（图2–2–123）。如图2–2–124中的迪士尼儿童乐园木马，采用鲜强调配色，图2–2–125中的日本玩偶采用灰中调配色，符合儿童的心理喜好。

（a）鲜强调强烈有力

（b）鲜中调鲜艳明确

（c）鲜弱调丰富生动

图2–2–123　纯度对比

（d）中强调沉着明确

（e）中中调响亮华丽

（f）中弱调高雅精致

（g）灰强调醒目肃穆

（h）灰中调含蓄内在

（i）灰弱调色味微妙

图2-2-123 纯度对比

图2-2-124 迪斯尼儿童乐园木马

图2-2-125 日本玩偶设计

③ 色相对比及调式。

色相是指代表色彩名称的样貌。色相对比以色相环上（图2-2-126）两色相隔的距离为依据，相距越远，色相反差越大，对比越强；反之，相距越接近，越趋于相同。在色相环中，我们把两色位置与色环圆形的连线夹角为衡量的参照，距离5° 以内的色相对比为邻近色（同一色）；距离45° 左右的色相对比为类似色；距离100° ~140° 的色相对比为对比色；距离180° 左右的色组对比为互补色。互补色对比是最强的色相对比（图2-2-127）。

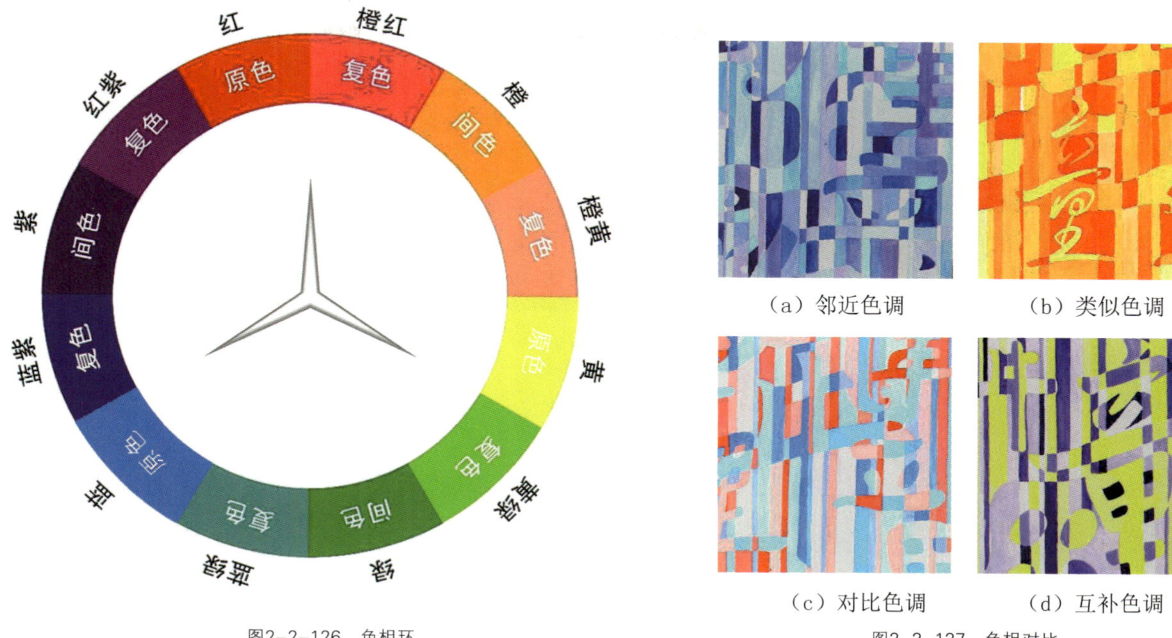

图2-2-126　色相环

图2-2-127　色相对比

色相对比的调式是以色相对比为主的配色（图2-2-128、图2-2-129）。

图2-2-128　双人温莎椅

图2-2-129　iPhone 5c

（3）色彩的调和

① 共性调和。

通过颜料的混合使色彩在明度、色相、纯度三方面中达到1~2方面的接近、统一。比如邻近色、类似色都在色相上达到近似，包含共同的色感。无彩色调和是因为它们都是由黑、灰、白组成的无彩色系。还有同明度调和、同纯度调和，都是在明度、纯度上具有很强的共性特征。

邻近色调和宁静、平和、统一，处理时注意明度、纯度的对比。

类似色调和清新、和谐，易于把握。

无彩色调和高雅、明快，处理时注意明度的对比。

针对反差最大的互补色，可以通过以下方法达到在三属性上的接近融合：混入白、混入黑、混入灰、混入同一原色、混入同一间色、互混（图2-2-130至图2-2-132）。

（a）混入白

（b）混入黑

（c）混入灰

（d）互混

图2-2-130 共性调和

图2-2-131 坚果手机情怀后壳

图2-2-132 iPhone 6

② 面积调和。

色彩面积的大小也影响着色彩对比中能量的抗衡关系。色彩的能量要综合面积、色相、纯度、明度、形态等多方面因素，大体上可分为两种抗衡关系：优势、均势。优势面积是指对比一方占有绝对优势，由它构成了作品整体的主调，画面因没有两力对抗的胜负悬念而统一、和谐。均势面积是指对比双方力量相当，势均力敌，此时，对比最为强烈，调和感较弱（图2-2-133、图2-2-134）。

结合色彩的能量，均势面积中色相在饱和状态下的面积比例为：红1/3—绿2/3、黄1/4—紫3/4、橙1/3—蓝2/3。

上述比例关系仅供参考，在实际的设计运用中，因具体情况因素复杂，仍然要以视觉感受为主要判断依据。恰当的面积调整可以影响整体上的视觉心理平衡。

图2-2-133 面积调和

图2-2-134 Safety Starz儿童手表

③ 秩序调和。

秩序调和是指通过建立一定的秩序既达到了动态规律上的共性统一，又使强烈冲突的色彩在明度、色相、纯度的渐次变化中平稳地过渡、衔接，减弱对比，达到调和的目的（图2-2-135至图2-2-138）。

图2-2-135　秩序调和1

图2-2-136　秩序调和2

图2-2-137　厨房用品

图2-2-138　座椅

（4）色彩的错觉

色彩的错觉是由于人眼的结构特征与个体差异使看到的色彩发生判断偏差，产生的错觉。每个人对色彩的判断都是根据环境条件推测出的一个结果，因此，我们必须先理性地认识影响色彩判断的因素。当人的大脑皮层在对外界刺激物进行分析、综合中发生困难时就会造成错觉，常见的现象有视觉后像或视觉残像。视觉后像分正后像和负后像，负后像色彩错觉一般都是补色关系，红—绿、黄—紫、橙—青紫等（图2-2-139）。

如图2-2-140所示的法国国旗，由于中间的白色较两旁颜色明亮，使人眼产生一种错觉，看上去总觉得蓝色带没有白色带宽。后来，为了克服这种错觉，才把白色条带缩窄，把蓝色条带加宽，直到人眼看上去非常自然、匀称，从而成为今天的比例。

图2-2-139　色错觉

蓝：白：红=37：30：33

浅色膨胀　深色收缩

图2-2-140　法国国旗

（5）色彩的知觉与情感

人们在日常的生活中将经验过的色彩积累在记忆中，当再次感受到这种色彩时，就会调动头脑中储存的知识、经验，对眼前的色彩进行综合评价。因此，在面对一个色彩时，我们有具象联想、抽象联想和情绪联想，最后用“通感”的方式综合评价。

单纯色彩的心理效应如表2-2-1所示。

表2-2-1　色彩心理效应

颜色	客观因素	主观因素		
		具象联想	抽象联想	情绪联想
红色	在可见光中波长最长。在视网膜上成像的位置最深，给视觉以迫近感与扩张感，容易造成视觉疲劳；传导热能，使人感受到温暖	太阳、火、血液、花朵	革命、爱情，野蛮、幼稚、危险	热情、喜悦、热烈注意、兴奋、激动、紧张
橙色	波长仅次于红光，也具有长波长导致的特性，既温暖又光明，使人的血液循环加速，令人兴奋、温暖、不安定	傍晚、秋天、阳光	辉煌、豪华	明媚、快乐、嫉妒、疑惑
黄色	亮度最高的颜色	皇家、黄金、柠檬	希望、光明、发展、轻薄、辉煌	快活、猜疑、优柔
绿色	绿色波长居中，是人眼最适应的颜色，是能让眼睛平静、休息的色光	树叶、蔬菜、森林	和平、成长、理想、永久、抑制	健康、安全、活力、青涩

（续表）

颜色	客观因素	主观因素		
		具象联想	抽象联想	情绪联想
蓝色	波长短，穿透空气时形成的折射角度大，在空气中辐射的直线距离短，在视网膜上成像的位置最浅，能表现空间的深远	天空、大海	永恒、悠久、透明、消极性、收缩、内在、阴影、幽暗	清新、明晰、沉着、忧郁、悲伤、冷静、寂寥
紫色	可见光中波长最短，眼睛对紫色光细微变化的分辨力弱、知觉度最低，容易感到疲劳，因而神秘、沉闷。紫色光不导热也不照明，因而感觉寒冷	葡萄、薰衣草、紫水晶	高贵、神秘、优雅、严谨	消沉、不幸
黑色	——	木炭、泥土、黑板	哀悼、严肃、静寂、罪恶、失败	悲哀、沉默
白色	所有波长的光	雪、白兔、白纸	洁白、纯真、素朴、神圣、警觉、冷清	圣洁

在单纯而饱和的色彩基础上做混色变化、配色变化，都会造成知觉上的变化。如轻重软硬、冷暖虚实、酸甜苦辣、积极消极、华丽朴素、膨胀收缩、前进后退等，这些知觉体验与颜色的波长、明度、纯度的变化有关，也与色彩的配置关系有关。

此外，色彩的知觉还与民俗、文化意识有关。人们在传统的风俗文化影响下生成了对特定色彩的习惯心理反应，这是带有很强的群体化的共性感觉。比如，红色在东方象征喜庆、生命、幸福，而在西方则代表祭典和危险；黄色在东方象征崇高、光辉、壮丽，而在西方则是最下等的色彩，象征卑劣、绝望；白色在中国用于丧事，在西方则用于天使，表示圣洁、喜庆。

对于色彩的知觉也存在个性化差异。个人的性格、喜好、年龄、经历、知识结构不同，对颜色的好恶也不同。随着时代的变迁，在科技与文化的环境变化中，人们对色彩的喜好也会随时间与环境而变化，这就是所谓的“流行色”现象。总之，色彩是人的知觉反应。色彩情感的复杂变化正对应了人的思想意识的复杂变化。

（6）色彩与立体构成的关系

立体构成中的色彩，包括形态表面的色彩、环境色彩和光源色彩。形态表面的色彩分为自然本色和人为处理色。自然本色具有自然清新、古朴原始的视觉效果，如木纹、粗陶肌理等自身的色彩就能给人古朴原始、浑厚稚拙的意境，如果人为地涂以色彩，反而会破坏了其独特的味道。人为处理的色是根据不同的创作意图，结合形态、肌理、空间的变化做不同色彩的搭配处理。人为处理色具有很大的灵活性与发挥空间，在具体施色中要从色彩与立体构成之间的物理、生理、心理的角度去研究形态的可视性、表现性。

处理立体构成中的色彩，需要考虑的因素很多，既有立体形态表面的色彩，又有环境色彩，还要兼顾实际空间中的光影变化、材质本身的肌理变化、与形态融合的知觉心理变化等。立体构成中的色彩要与形态、肌理、空间环境相协调。

① 色彩与形体。

色彩的知觉与形体的知觉是综合成一体的，同一色彩被施于不同大小、形状的物体，该色彩的视觉效果会相应地发生变化。如同小轿车，反射光的规律和高光的部位不同，不同形体上的颜色呈现为不同的明度。单一的颜色会呈现丰富的色彩效果；两色或两色以上的情况，则由于不同色面的相互作用，形成环境色，会使色彩效果更为丰富。因此，在做形体配色时，既要考虑形体变化对色彩的影响，又要兼顾色彩变化对形体的影响。

② 色彩与肌理。

材质的肌理具有很浅的深度与细微的形态变化，其与色彩的结合，在光影的作用下会带来色彩在明度、纯度上的丰富变化。纺织物材质固有色肌理受光影影响很少；金属强反光材质受光影环境色影响明显，能够被环境色改变固有色（图2-2-141、图2-2-142）。

③ 色彩与空间。

空间环境的色彩对立体形态的色彩效果也会造成影响，包括放置形态的空间色彩、光源色彩等。空间环境的色彩以包围着实体，并通过光混合的方式参与立体构成，使色彩具有含蓄微妙的诱人变化（图2-2-143、图2-2-144）。

图2-2-141 “Slumber”沙包坐垫 Aleksandra Gaca

图2-2-142 金属材料水龙头

图2-2-143 被环境光改变色彩的钻石

图2-2-144 橱窗灯光环境

2.5.2 材料

材料是立体构成的重要部分。材料决定了立体构成的形态、色彩、肌理等心理效能，也决定了立体构成造型物的加工和强度等物理、化学效能。同一形态，会因不同的材料而呈现出不同的心理感受，因而不同的形态表现需要不同的材料与之相应。在立体构成中，对材质的感受是触觉、视觉的综合体验，重点在于材料与形态结合所传达出来的视觉和触觉美感。材料的种类繁多，不同的材料具有不同的视觉特性。

（1）材料的类型与视觉特性

根据材料的来源、结构质地、形态、性能与用途等不同，材料的类型有着不同的分法。

① 从来源上，材料可分为原始自然材料和加工提炼材料。

原始自然材料是指天然存在的材料，如树木、石块、泥土、沙子等，其结构方式本身具有很大的偶然性、随机性，因此常带有生机自然、原始多变的特性，给人以古朴、沉静、野趣、亲切的感受。

加工提炼材料是人为合成处理的材料，如纸张、塑料、有机玻璃、金属等，其结构方式大多规整秩序，因此常带有安全、坚固、秩序的特性，给人以理性、规整、现代、机械的感受。

② 从结构质地上，可分为棉麻、砖石、金属、玻璃、塑料、纸材、陶瓷等。不同的材质，可表现不同的意境。如棉麻柔软、轻薄，有亲切、柔和、清新的意境；砖石结构坚固稳定，有浑厚、沉稳的意境；玻璃质密、透光，有明亮、通透、现代的意境。材料在结构上有实心与空心之分，实心材料结构紧密，质量较重；而空心的材料一般以围合、模压、镂空、浇铸、吹制等方法制成，质量较轻。在构成中，可根据形态在整体结构中所需承担的负荷力，具体选择相应质地结构的材料（图2-2-145、图2-2-146）。

③ 从材料形态上分，有无形材料和有形材料两种。有形材料指有明显固态体量的材料，表现坚固、稳定、刚毅的特性，如石块、木块、陶瓷等。无形材料指没有固定形态，形态随外界因素变化而变化，可根据不同需要塑造出各种多变的形态，如细沙、水泥等。在有形材料里，根据具体形状的不同，还可分为点状材料、线状材料、面状材料、块状材料等几个主要类型（图2-2-147）。

图2-2-145 Ice Tea Maker Eva Solo

图2-2-146 日本阪和HANMA原木香薰机

图2-2-147 摇篮 Richard Clarkson

④ 从材料的性能与用途上，可分为弹性材料、塑性材料和黏性材料等。弹性材料有皮筋、弹簧等，常被当作连接用材料；塑性材料有石膏、黏土等，常被用作主体材料；黏性材料有胶水、颜料等，常被用作连接用材料、着色材料。

(2) 常用的材料与加工方法

材料必须经过加工处理才能适用于立体构成中，因此，必须熟识一些常用材料的质量性能，掌握与之相应的加工方法。

① 纸张。

纸是最廉价、易得的材料。纸张质地轻，可塑性极强，易于加工处理，既是人类文明的交流、保存、记载的重要工具，也可用来塑造艺术形态。在立体构成中常用的方式有以下几种。

A. 雕刻：如剪纸，以镂空的方式制造出通透、虚实等形态各异的面立体（图2–2–148）。也可以对相对厚重的纸质面材做浮雕刻画，制造出淡雅、轻盈，光影微妙的半立体塑造。

B. 堆塑：类似于雕塑中的加法塑造。将纸张用水泡软后以揉搓的方式取得大小粗细不同的形态，再用胶水粘贴固定在指定位置上。这种方法取得的形态具有随机性、偶然性的特点，具有多变的可能，也容易造成杂乱、无序的感觉。因此多用于肌理塑造，或用更为理性秩序的外观形态对另一个极端凌乱与乖张的视觉感受进行收服、矫正。

C. 切割翻转：利用纸张可切可折的特性，用切割的方式打破纸张弹性方面的限制，通过折叠翻转制造灵动多变的空间形态。

D. 伸拉悬吊：用特定的剪切方法，模仿弹簧结构，制造出具有伸缩性、秩序性、审美性的虚体构造。如拉花，通过悬吊的方式支撑固定，特点是能够闭合与打开，造型随着打开的程度而呈现虚实运动变化。立体造型多在对称式的结构中做形态上的渐次变化。

E. 弯曲围合：利用纸张良好的柔韧性与弹性特质，对纸张进行弯曲变形，做曲面造型变化。如图2–2–149所示，纸张轻柔、光滑、单薄的结构容易塑造出优美流畅的视觉效果。

图2–2–148 剪纸果盆

图2–2–149 台灯设计

② 泥。

常用的泥有橡皮泥、纸泥、陶泥、油泥等。泥都具有黏性、可塑性的特点，再未干的情况下可以反复修改大小、形态。可揉成点、搓成线、摊成面、堆成体，还可以在体面上做各种不同的肌理刻画，对凸凹物体的压模也能取得肌理的效果。总之，泥是塑造性能最为灵活的材料。泥的物理化学结构不同，性能上存在一些差异。如橡皮泥轻质柔软，但容易干裂、腐蚀，不易保存；纸泥轻巧柔韧，但纸纤维使其不容易做细部刻画；陶泥塑造感最强，但不具备橡皮泥、纸泥的艳丽色彩；油泥受温度变化影响较大，要么稀软不易成型，要么坚硬而造成堆塑上的困难（图2–2–150）。

图2-2-150　孤独娃娃　Ruta Elze

此外，还有两种比较常用的泥——石膏和水泥。石膏为白色粉末状材料，水泥为灰色粉末状材料。两者都需要调水使用，都是可塑性强、易加工的廉价材料。其加工的方法大体上有两种，一是先制成块体，再用雕刻的方式剪切掉多余的形态；二是先用其他材料制作好模型，再通过翻模来取得形态。每一种泥材都有自己的特点和局限，要在实践中熟悉其性能，积累经验。

③ 木材。

木材质地柔软，是易于加工的材料。不同品种的木材具有不同的纹理，其质密度也会造成木质的软硬差异。木材的常用加工方法有以下几种。

A. 雕刻：用斧子、凿子、刻刀等工具对木材的外形、肌理进行刻画。

B. 组合：通过榫接、钉接、黏结、铰接等方式对木质形态进行组合构成。

C. 弯曲：较细的木材具有良好的韧性，可以通过外力弯曲变形；对于柔韧性较差的木材可通过加温烘烤的方式弯曲定型，使木材产生优美的弧线造型。

D. 锯割：利用锯子锯割、分离整块木材，木材侧面会因割锯运动而留下粗糙、秩序的肌理效果。

E. 刨削打磨：这是对木材表面进行刨光处理，使其现出天然、细腻的纹理。刨削出的刨花本身也具有松散、轻薄、柔软的卷曲形态，也可以作为立体构成的材料。

在处理木质材料时应当注意木质本身的纹理具有疏密、方向的视觉变化，在构成中要协调好与形态、结构之间的空间关系（图2-2-151）。

④ 金属。

金属是较为常见的材料，既可以液态化存在，也可以固态化存在，是可塑性极强的材料。金属具有坚固性、柔韧性、伸缩性、延展性、导热性、导电性、光泽性等多种性能，被广泛运用于现代文明之中。金属种类繁多，加工技术多样，常用的加工方法有以下几种。

A. 塑：通过折弯、敲击、锤打等方式对金属进行加工造型，如对铁丝、金属板的处理。

B. 铸：利用金属在高温下可熔化的特性将金属熔化后倒入各种模具，从而创造出各种造型。

C. 焊：将金属线、棒、条、板、管等各种金属构件焊接成一个整体的方法。

D. 腐蚀：利用化学药剂对金属表面进行腐蚀，从而创造出随机多变的形态。

此外，金属的加工方法还有切割、车削、刨、钻、铣、抛光、电镀、油漆等，因加工工艺的复杂，在立体构成中很难实现（图2-2-152）。

图2-2-151　Splinter系列家具　Nendo

图2-2-152　红铜蜂巢系列香槟冰桶　Tom Dixon　英国

图2-2-153　韩国厨房用具

⑤ 塑料。

塑料是人工合成的材料，颜色丰富、种类繁多，具有质轻/强度高/抗腐蚀、可回收利用的特点，在现代生活中被广泛利用（图2-2-153）。

塑料一般可分为两大类：A.热塑性树脂，如聚乙烯、聚苯乙烯、氯乙烯树脂、聚丙烯等；B.热固性树脂，如酚醛树脂、氯基树脂（尿素树脂、聚氰胺树脂）、不饱和聚酯树脂等。其中在立体构成中运用较多的是最具造型性的丙烯酸树脂和杜邦可利安。塑料遇热后变软，可修整出各种形态，也可做连接处理，待恢复常温后即可定型，因其超强的可塑性而得名为塑料。塑料大多具有一定的透光性，如水晶般晶莹剔透；表面可光滑如镜，也可印刻出多样纹理；在色彩上有更大的发挥空间，即能追求天然多变的色彩效果，如杜邦可利安有“人造大理理石”之美誉，也可追求时尚、现代的色彩效果，如有“塑料女王”之称的丙烯酸树脂。

塑料的加工方法有切割、弯曲、熔化黏结、刻、划、钻、烧灼等处理方式。

2.5.3 肌理

在立体构成中，肌理指的是材料表面的纹理、构造组织给人的视觉、触觉质感。材料的组织构造不同，会呈现出不同的肌理效果。

（1）肌理的分类与特征

① 视觉肌理与触觉肌理。

根据感知器官的不同，肌理分为视觉肌理与触觉肌理。

视觉肌理是以眼睛为感知器官，通过视知觉去感受物体表面的凸凹变化。有两种情况只能靠视知觉去感受肌理。一是在二维平面上绘画或影印出的肌理，凸凹的深度幻象只能靠视知觉去感受，而无法通过触觉感知得到；二是当空间的凸凹肌理超出了人类皮肤所能感知的范围，如宏观地鸟瞰城市的肌理或微观下观察血管壁的肌理等，只能借助科技手段以视知觉的方式认知。

触觉肌理是以皮肤为感知器官，通过碰触去感受物体表面的深浅变化。除了极少数情况外，大多数触觉肌理都能被视觉所感知，并且触觉肌理与视觉肌理对事物表面的深浅判断大体一致。通过视觉观察而获得的肌理印象是整体、表面的，而通过触摸材料而产生的心理感受更丰富。通过皮肤上的神经末梢，触觉不仅能告诉我们物体的空间体量与表面的光滑、粗糙，还能够感知出物体的软硬、干湿、热冷、黏滞等触感效果，有时还会引起痒麻、刺痛的触觉感受。触觉肌理既综合了皮肤的诸多感觉，又结合了视觉对肌理的判断，在心理会产生对形态更为全面的认知。

② 自然肌理与人工肌理。

根据肌理来源不同可分为自然肌理与人工肌理。

自然肌理是指材料天然形成的纹理，如木纹、大理石纹等。木纹的纹理是时间与生命的印迹，给人以时间感、生命感、原始质朴感；大理石纹凝固了更为久远的时空变化，给人以高雅、神秘的意境。当材料结构纹理的视觉感染力大于对材料形态的感知时，它的自然肌理就可以作为形态设计的艺术语言之一。自然肌理体现着自然之力，具有不可重复的审美价值。自然肌理所具有的材质美感蕴含着自然的秩序与变化、多样与统一，具有独立的审美价值。对自然肌理的选择与运用，一定要以视觉上的审美体验为第一位，触觉体验是为了补充、丰富心理上的认知感受（图2–2–154）。

人工肌理是指人工处理后得到的纹理，如陶器上的装饰纹样、汽车的轮胎纹理、仿木纹的地板瓷砖等。人工肌理本身就是设计，是将细小的形态组构在一起的半立体造型艺术创造，是自然肌理的艺术升华，或随机偶然地形态聚集，或秩序规律地组织排列，或对比，或统一，具有很强的人文色彩。

加工制作人工肌理常用的方法有面材的折叠、颗粒的堆积、线材的编织、块材的雕琢、腐蚀、打击、挤压、烧炙、点线的镶嵌、叠加、粘贴、文化符号的组装、无形材料的塑造等（图2–2–155）。

（2）肌理在立体构成中的作用

① 肌理可以增强构成整体的层次感、空间感。肌理的虚实变化可以丰富形态的光影效果，使空间更为深邃、多变。

② 肌理可以丰富立体形态的表情。肌理就是一些细小的形态有规律地聚集在一起，其自身就具有丰富的表情特征。结合形态、色彩与光影变化，会使立体形态产生变化丰富的效果。如细致精密的肌理给人精致、高雅的感觉；粗糙无序的肌理给人稳重、悠远的感觉。

③ 肌理具有情报意义。生活中积累的经验固化了特定肌理与作用的关系，如搓衣板、研磨板、螺旋钮等特殊肌理会指导我们对形体的使用。

④ 肌理具有文化意义与审美价值。在传统的建筑艺术中，很多墙面、地面、家具表面都雕刻着精美的图案，蕴含着深厚的文化内涵。在现代的建筑设计中，墙面、地面的肌理创造更增添了建筑的时代感、艺术性。在构成中，结合主题，将肌理表现与形态色彩融为一体，强化作品整体的视觉感染力和艺术魅力（图2–2–156）。

图2–2–154 Wood Casting Hilla Shamia

图2–2–155 褶皱陶瓷制品 谢东

图2–2–156 置物袋

2.5.4 立体构成中材料、色彩、肌理的综合运用

立体构成是一种整体形象的塑造，任何色彩、材料、肌理都不是孤立存在的。立体构成的整体统一是材料、色彩、肌理与形态结构、主题内容融为一体，是形态、色彩、光影、肌理、材料、结构空间的有机配合与共同的心理塑造。材料是色彩与肌理的载体，可以通过加工材料表面获得肌理，也可直接采用自然肌理。自然肌理具有自然固有的色彩，人为的喷洒、刷涂在改变自然色彩后可以保留一部分自然肌理，但如果通过粘贴、镶嵌、包扎等着色方式改变色彩，那么自然肌理也随之破坏，变为人工肌理。

总之，在材料的选择与色彩、肌理的运用中，要认清它们相互影响、相互制约的本质；在材料的加工处理时，要充分考虑色彩、肌理的视觉审美特质，扬长避短，因材施用，合理安排（图2-2-157）。

图2-2-157 Deco系列户外座椅

思考与练习

1. 思考点的形状、位置、大小对平面视觉感受的影响。
2. 思考怎样通过设置线的形状、方向、弧度来体现线的动感、温和等心理感受。
3. 思考面的转折与过渡有哪几种方式。
4. 寻找产品中优秀的肌理运用，并对它进行形态分析，找出在自然界中对应的原形肌理。
5. 在自然界中和产品设计中寻找发射构成的相关案例，并对其进行分析。
6. 寻找自然界中有向上动感的形态，提取其中的点和线并进行分析，尝试进行有向上动感形态的设计。
7. 思考立体构成中色彩、材料、肌理对体块的力感和量感的影响。
8. 思考对于较大的体块，可以通过哪些方式以减轻其体量感。
9. 寻找自然界中的植物和动物，分析它们的形态是否遵循形式美法则。
10. 寻找市场上具有美感的产品，分析它们的形态如何遵循形式美法则。
11. 将三个大小不同的正立方体进行随意组合，并记录这些组合给人的视觉感受，然后将其涂成不同的颜色，再次记录其给人的视觉感受，并与前面的记录进行比较。
12. 利用身边常见的材料，比如瓦楞纸、木材、书本等做一款家具设计作品。

第三章　自然形态基础

自设计诞生之日起，大自然各种各样的形状和色彩便为人类造物提供了无尽的素材和启示。正如达·芬奇所说，“自然，是一切老师的老师”。在人类社会漫长的发展过程中，向自然学习一直是一条不变的法则。人们正是在对自然不断地探索、发现和汲取的过程中前进，从蛮荒走向文明，从原始走向现代。

自然形态在经过长期的演化后具有自身的合理性和自然美感，包含着精深的功用与形态的联系。此外，自然事物以其特有的视觉冲击力存在着情感表现性。在大自然中，一块岩石、一棵垂柳、落日的余晖、墙上的裂缝、飘零的秋叶、一汪清泉等，它们的直观表象或纯粹外观给人的知觉冲击本身就有激发人类情感的效果。

第一节　自然形态

根据自然的形态去创造，在观察自然与造型的关系时，用改变自然法则的观点去观察，是造型思考的重要方法之一。鸟和鱼的不同形态，是为了抵御空气和水的阻力，以这种观点来考虑，学习自然的知识是很有必要的（图3–1–1）。

图3–1–1　来自自然植物的造型

自然作为造型的源泉，自古以来形成了诸多的绘画、雕刻造型。不管是在传统工艺领域还是现代设计领域，都有各种材料的提供者。为了与自然斗争和共生，产生了许多工具与建筑。从造型来看，自然是一个充满了未知形态的世界，对自然形态的探索扩大了造型的领域（图3–1–2）。

1.1 发现自然形态

大自然中，存在着很多造型的原形。从造型的角度观察自然时，抓住形态特色和形态法则非常必要。还可以根据作为形态特征的美的侧面来加以把握，抓住作为构造的法则性，观察动的形态及变化成长的形态。

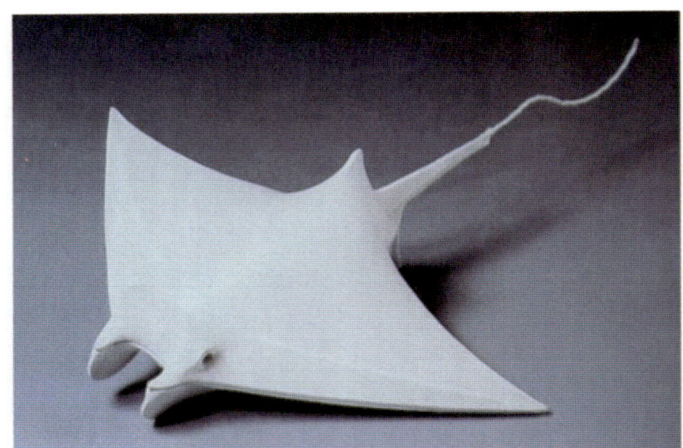

图3-1-2　来自海洋生物——魔鬼鱼的造型

发现自然形态，是从肉眼看开始的。加上后来对望远镜和显微镜的使用，扩大了观察的有效性，观察的范围也从平面构成发展到立体形态的不同对象。自然形态对工艺雕刻、建筑等都具有广泛适应性的法则（图3-1-3）。

图3-1-3　自然的结构及变化的法则对造型的运用

自然界中的物质不管是有生命的还是没有生命的，都拥有形态，并且经过一定的过程每一个都呈现出独特的样子。它们的形成和重力、分子结合力、电磁力等的物理法则有关；受到风、水、温度等环境因素的影响；包含材料性质的化学因素等众多条件，同时甚至和顺序也有关。这些因素重叠的结果就生成了无数复杂的形状（图3-1-4、图3-1-5）。

图3-1-4　雪花和食盐结晶体的形态

图3-1-5　雪花结晶体的形态

1.2 自然界造型的分类

自然界的造型应可以分为无机的造型和有机的造型两大类。

无机的造型，像波涛、山、被风吹出的沙丘为广域的自然现象的造型；像结晶、水滴一样微观自然的造型等（图3-1-6）。

有机的造型包括：动植物的样子或其部分形状的造型；生命体的构成要素或微生物的造型；动物主要从事的做巢活动等的造型（图3-1-7）。

图3-1-6　无机造型

图3-1-7　有机造型

1.3 自然界的自律构造

各种造型各自根据自然界的法则，拥有自己独特的个性。人类从古代以来在其中寻求规范和暗示，反映各自部落的风土特征和个人创意，将设计开展开来。从最初开始，模仿自然的造型和其组合的创意化是设计的基础（图3-1-8、图3-1-9）。

自然界自律构造的高效率性和功能美，有很多是人类所不能企及的，所以自然的设计将一直持续保持着作为人工设计范例的作用。

微观的结构秩序不仅带给人视觉心理上的审美体验，结构逻辑合理还意味着对材质与空间的高效能利用。

如，自然界的自律构造物种——鹦鹉螺。鹦鹉螺的外壳和内部构造在保护肉体的同时，拥有巧妙的生物体机能。螺旋状的壳因为带有扇形拱和扭曲，所以强度增加了。它本身对抗外力冲击的能力就很强，又通过把隔室很细地分割成涡轮状坚硬的间壁壳，对抗外力的对策就更加完备了。连接外壳和间壁壳的立体构造、连接内脏和中核的体管（包含了通过间壁壳部分的增强突起），所有的这些局部和整体都贯穿了理论的“应力膜构造”。复杂但规律正确的连接部分虽然出现了表面的缝合线，却不经意间酝酿出卷贝形状的独特感觉。

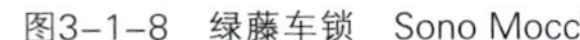

图3-1-8 绿藤车锁 Sono Mocci

图3-1-9 螳螂大侠元素的仿生造型 阿尔瓦罗·乌里韦

这样巧妙的结构是作为个体成长过程的集聚创造出来的。从中心的幼壳开始，包住成长螺旋状的住房，形成壁垒一样的美丽姿态。

鹦鹉螺大部分时间潜藏在海底，有时为了觅食会浮出水面。浮出水面时会发出气体，附在间壁壳内侧以减轻比重。人类模仿鹦鹉螺排水、吸水的上浮、下沉方式，制造出了第一艘潜水艇。

鹦鹉螺内部曲线是非常神秘的。螺壳内二重螺旋的构造、扭曲的形状是根据不同的原理生成的。数学家们，专注于鹦鹉螺外壳切面所呈现的优美螺线。鹦鹉螺的螺旋中暗含了斐波拉契数列，而斐波拉契数列两项间的比值也是无限接近黄金分割率的。

鹦鹉螺内侧和外侧精确、不同的成长比，以等比级数逐渐扩展开来，形成了对数螺旋形（图3-1-10），如音响中低音用的弯曲喇叭。有很多商品是利用鹦鹉螺的原理制作的，如音响、沙发、玩具、酒具、宾馆等。很多艺术家也从鹦鹉螺身上获得灵感，创作出绘画、雕塑、建筑等艺术品。

再如，自然界的自律构造物种——水果。橘子、奇异果等的内部结构，可见到统一的形态、功能、生长过程和协调的色彩（图3-1-11、图3-1-12），这些都是我们发现美、发现形态设计灵感的来源。

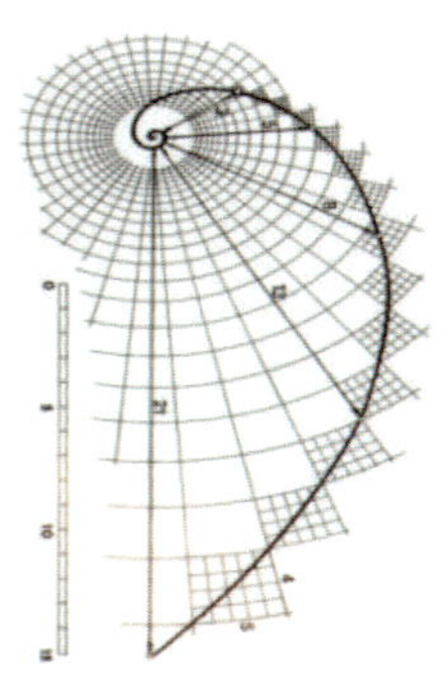
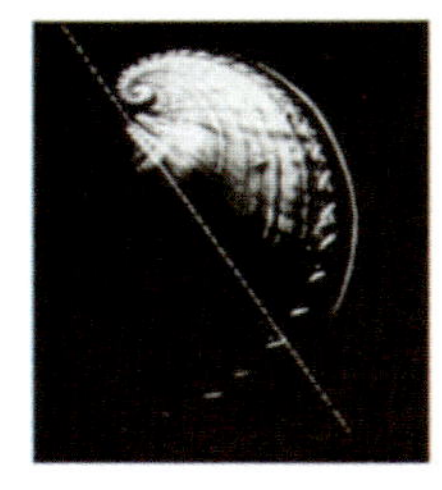

图3-1-10 鹦鹉螺的对数螺旋形结构

图3-1-11　水果内部形态

图3-1-12　水果手表设计

大自然遵循固有的材质、用途、功能和环境来创造形体。无论是单纯的形态还是更为复杂的形态，都是遵循尽量简洁，尽量省去构造上的不必要之处的法则而形成的。如果构造上存在不合理的地方，则不是由于美的方面引起的，而是由于缺乏构造的自然的合理的技术所引起的。大自然所具有的法则，从微观到宏观的世界中到处可见。

在对自然的形态与造型的关系进行研究时，不但发现了自然界中存在的形态，而且还发现形态的具体适应性及创造。为此，自然界中存在的形态特色及形态法则，可以依照前面所述的三种方法，即从具象形态到抽象形态、从抽象形态到具象形态、形式的介入与打散重构来发现。根据这三种方法对前面所说的大自然所具有的抽象概念、美的特性、构造特性等形态特性加以详细的观察。

第二节　自然形态要素提取

从自然形态中获取设计灵感要从对自然的细心观察、感知开始。首先要全方位、多角度观察，既要宏观观察自然形态的整体气势状态，也要微观地深入到肉眼不常发现的自然形态内部观察结构；既要以第一自然为观察主体，也要从人为创造的第二自然中寻找灵感；既要把握有形的物体，也要关注无形的现象。这些都是在环境中真实存在的，感性世界要从不同视角发现新奇的形态要素，寻找设计灵感。其次，侧重艺术性设计的自然仿生创造，注重的是形态带给人们的心理感受，因此，要尝试多种形式的提取与重构，空间上从二维到三维；审美取向上从具象到意象、抽象；形式上从点、线到面、块。在过程中感知形式，积累形态设计经验。

2.1 点的提取与运用

2.1.1 点的平面空间与立体空间提取

（1）点在平面空间中的提取

生活中有很多小而密集的形态可以作为点提取的素材，如漫天飘舞的雪花、水中清晰可见的鱼群、俯瞰广场上晨练的人群、早春树枝上的点点梨花、雪地上留下的脚印等，都给人以群聚的点的感受。在平面上做点的提取构成，不用考虑点在空间中的重力支撑问题，可以较为自由地摆布点的空间位置（图3-2-1、图3-2-2）。因此，形态创作可以有较大的发挥余地。

图3-2-1　从树叶中提取点打散重构　赫晓圆

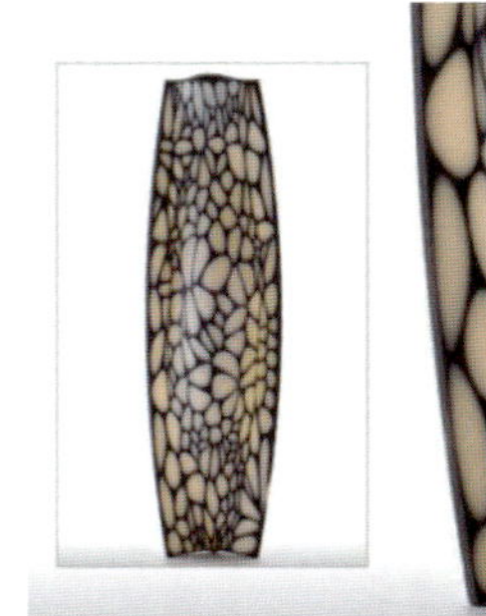

图3-2-2　点的打散重构

点在平面空间中的提取可以从以下几个方面入手。

① 提取点的具象形态特征，做主观秩序或自由的重构。

② 将点在形态与分布上的趣味性特征从立体空间中提取出来，在平面空间上强化表现。

③ 从线型或面型的分解、打散处理中提取具有形式感的点状元素。

④ 从平面的图案或肌理中通过强化虚形或间隙空间形态，从中发现趣味点元素的构成。

⑤ 从音乐中寻找节奏与韵律，利用同感将曲调用不同大小、形状、颜色的点翻译成视觉艺术。

（2）点在立体空间中的提取

从自然的形态中提炼、概括点元素进行立体空间的重构与纯粹的点的立体构成不同的是，前者需要与自然原形保留一定的联系，也许是外观，也许是结构，或者某种抽象的感受（图3-2-3）。

图3-2-3　仿生蘑菇创意小夜灯　Yukio Takano　日本

点在立体空间中的提取可以从以下几个方面入手。

① 从宏观的角度将体型较大的形态缩小为点状形态。

② 从微观的角度放大自然形态的局部结构或肌理，提取点状形态。

③ 用点状形态打散、虚化线型或面型的立体形态。

④ 通过放大、缩小自然原形，改变大小关系，或更换自然颜色、肌理寻求形式趣味。

2.1.2 点的宏观与微观提取

（1）宏观提取中的点

这里的宏观包括两层意思。一是从物质层面出发，跳出人的常规视觉局限，从整体宏观的角度去感受物象的外观形式美。这里强调的是人的感官感知的宏观视角。外观形式美包括外形式（形体、色彩、材质）与内形式（富有形式美感的内部结构）。二是从非物质层面出发，从人机工学到感性工学、从物质到非物质、从技术到艺术再到哲学的宏观纵横与穿越。这里强调的是人的理性认知的宏观视角。以创造性思维和创新方法给仿生设计提出更多的课题和方向（图3-2-4）。

星光原野（Field of Light）的设计灵感来自于艺术家Bruce Munro曾在澳大利亚的沙漠中偶然看见一场大雨后花朵开放的瞬间。他使用光导纤维和亚克力灯具让灯、光、环境有机结合，仿佛自然和生命的精灵都汇聚在一起，装扮成光之精灵，让整个环境变成如梦如幻的星海（图3-2-5）。

图3-2-4 星空

图3-2-5 Field of Light Bruce Munro

（2）微观提取中的点

微观仿生提取依赖于现代仿生学以及与之相关的物理、化学和电子、信息、图形微观技术与系统科学理论的支撑。以微观的视角挖掘存在于自然未知领域里美的形式。21世纪，建立在最新发展的量子力学基础之上的微观认识论，使人们更加关注事物内部的结构，这种由宏观认识向微观认识的深化，也影响了造型艺术规律的发展。这里的微观也可从两个层面出发，一是借助现代技术手段深入到物质结构内部寻找美的形式；二是以分解的思路，将原有的完整形态打散成细小的元素，从内部的结构关系出发把握形态之间的微妙关系（图3-2-6至图3-2-8）。如图3-2-9所示的茶几，整体像一棵面包树，而桌面的网状设计来自于面包树的果实肌理。这款茶几所使用的木材来自波多黎各生长在沼泽和潮汐海滨地区的红树林。

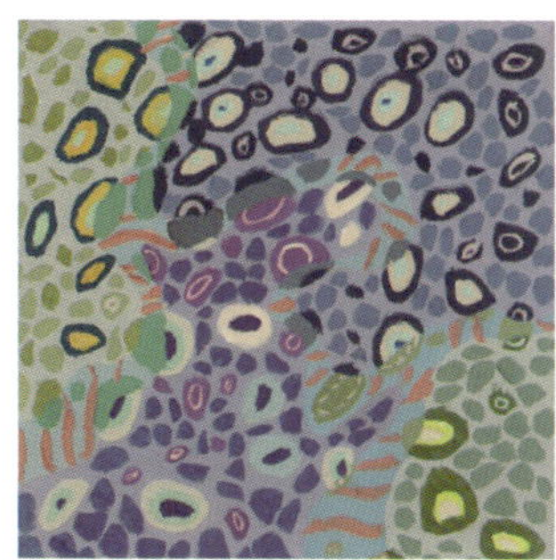

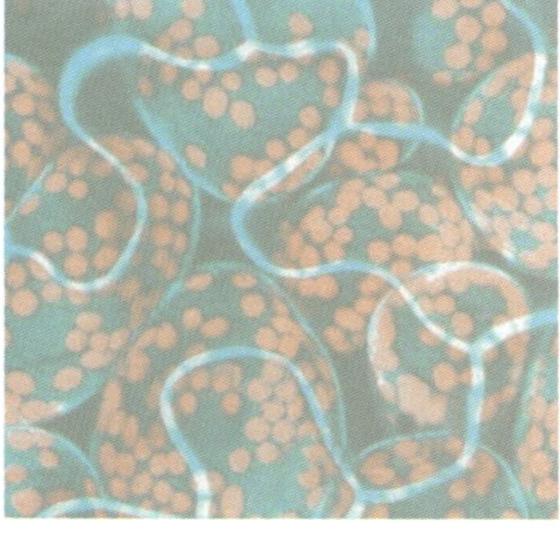

图3-2-6 生物微观细胞图提取 赵萱

图3-2-7 陶瓷制品 Mckenney

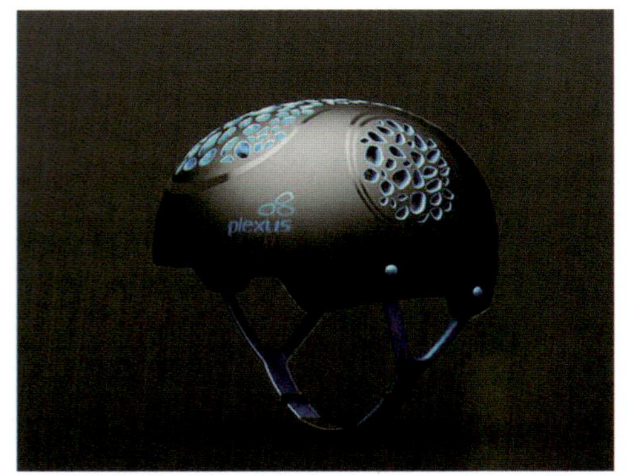

图3-2-8　Plexus头盔花纹设计

图3-2-9　源自面包树果实肌理设计的茶几　Javi Olmeda

2.1.3 点的具象与意象提取

（1）具象元素提取的点

点的具象提取不是将自然形态原封不动地复制出来，而是在原有形态基础上做具象升华。这是一个由具象→抽象→具象的转化过程。日本物理哲学研究所把人的创造活动分为两个阶段：第一阶段称为人的初期创造活动，主要依赖于模仿；第二阶段称为后期创造活动，即在模拟创造的前提下进行的再创造。点的具象提取是将原有形态打散分解，对点状元素及结构关系做个性化提炼抽取，用新的材料与结构重新构成新的形态。具象提取强调的是在分解中抽取原有形态的表象性特征（图3-2-10、图3-2-11）。

图3-2-10　点的立体密集仿生形态——公鸡　钱张

图3-2-11　雕塑装置

（2）整体意象提取的点

点的意象提取是从自然形态的整体意象出发，不受外部细节特征的局限，追求“气韵生动”的整体动向和韵味。如果说具象元素的提取是“形似”的塑造，那么整体意象提取就是“神似”的塑造。这是一个由具象→抽象→意象的转化过程。在分解、抽取形象细节的同时，加进了主观的“意”，既不是完全的形式抽象，也不是逼真的细节模拟，而是让人的感知在点的形式美与意的神似美中自由游走。如图3-2-12所示是由Agustin Otegui设计的泡泡概念灯，设计灵感来自于肥皂泡。在阳光下，泡泡折射出五彩的光芒。

图3-2-12 泡泡概念灯 Agustin Otegui

2.2 线的提取与运用

2.2.1 线的平面空间与立体空间提取

（1）线在平面空间中的提取

线在人所感知的视觉世界里是最为广泛的存在。点的移动、排列是线；面的轮廓或侧面是线；体的内外轮廓也都是线。自然界为线的提取提供了最广泛的素材，但同时自然表象的杂乱无序也给线的提取带来了麻烦，要想在提取中既把握形态特征又富有美感，必须注意以下几个方面（图3-2-13、图3-2-14）。

① 在线型线质上寻求统一。

② 在线的方向、动势上把握住大的主次变化。

③ 要提炼出能抓住形态外在个性特征的线或内在组织结构关系的线。

④ 注意突出线的表情和神态，尽量用粗壮有力的线条加强画面的视觉冲击力。

图3-2-13 线的平面提取 金尹诗

图3-2-14 铁艺家具设计

（2）线在立体空间中的提取

线在立体空间中的提取、创造较在平面空间创造更为复杂。除了以上的几点注意事项外，还要兼顾实际空间中形态与形态之间的相互作用力和立体空间的轮廓、虚实。在线条提取时需要借助草图完成创意过程。草图可以大致分为两种形式：一是直接构思立体效果，将线的曲直、粗细、长短、方向、透视变化等特征大致表述出来，再在具体材料中进一步细化；二是先进行平面化构思，重点抓住线的意象关系，再通过立体想象，在材料中完成立体空间的塑造。需要强调的是，草图需要多次反复修改完成，在草图阶段就要对线材的形态、结构、材质、颜色、肌理、空间关系做较为成熟深入的分析研究（图3-2-15至图3-2-18）。

图3-2-15　象形文字“见”　孙增松

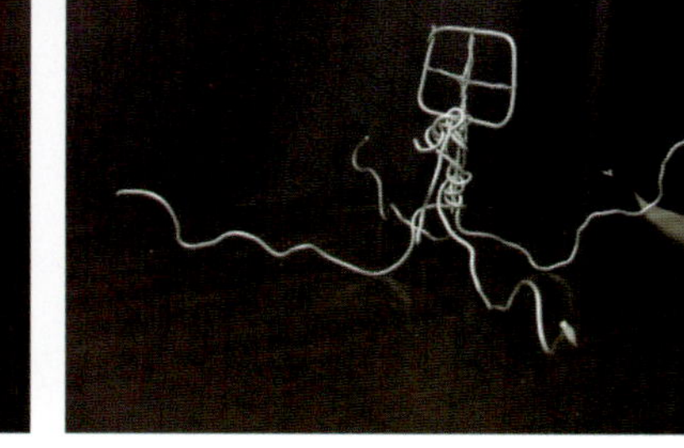

图3-2-16　象形文字“鬼”　肖煜锋

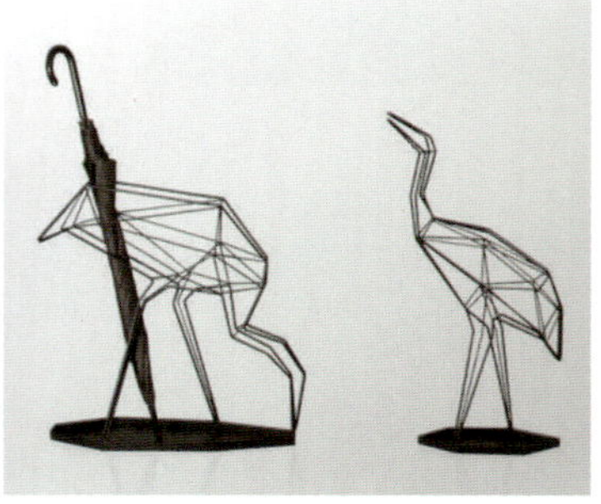

图3-2-17　Crane艺术仿生雨伞架　Liberté

图3-2-18　仿生设计　Luigi Colani　德国

2.2.2 线的宏观与微观提取

（1）宏观提取中的线

线是简练、单纯的形式语言。用线来再现自然物象需要的是高度概括事物本质的能力。自然物象不同，审视的角度不同，所收获的本质性结论也有所不同（图3-2-19、图3-2-20）。

自然形态宏观提取中的线就是利用具象的自然形态结合相应的艺术处理手法，使线既保留了自然形态的独特形式趣味，又带有主观的文化倾向与设计意图（图3-2-21、图3-2-22）。

图3-2-19　线的提取　付洪柳

图3-2-20　悠唐汇高尔夫主题会所设计：沙滩果岭，流线型的未来空间

图3-2-21　美国波浪谷仿生设计　Luigi Colani

图3-2-22　沙丘线条仿生设计　Luigi Colani

（2）微观提取中的线

越是深入到形态的结构内部，越是能发现秩序性的形式规律。正是因为微观各不相同的形式规律，才呈现出宏观中形色各异的纷繁世界。微观中的线常自带着形式美的规律，因此线的提取要抓住其秩序性的美感，以重复、渐变、近似、发射、特异、密集、韵律等方式达到协调一致、秩序井然的审美效果。无论是平面再现还是立体呈现，都要把握好骨骼的秩序性变化（图3-2-23）。

图3-2-24为由德国斯图加特大学的计算设计院（ICD）与建筑构造和结构设计院（ITKE）建造的仿生建筑。研究人员在甲虫的鞘翅结构中发现了一种轻量化结构，一个双层系统的几何形态。他们利用微观的仿生结构——双层纤维复合材料结构组装了一个占地总面积50平方米，体积为122立方米，而重量仅为593千克的建筑。

图3-2-23　水果微观提取　郭爱祈

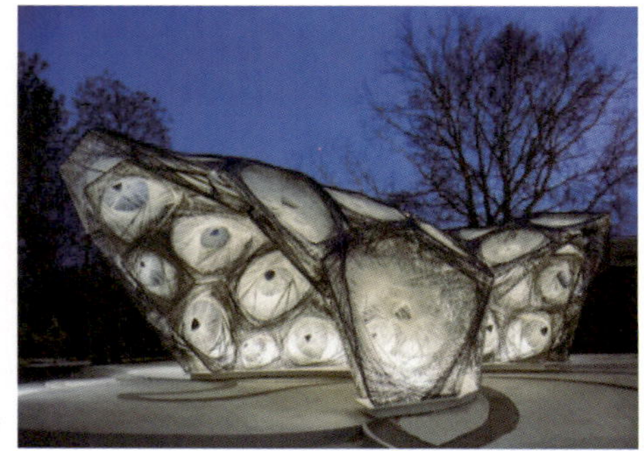

图3-2-24　德国斯图加特大学仿生建筑

2.2.3 线的具象与意象提取

（1）具象元素提取的线

直线冰冷、理性，在人造的第二自然中更为多见。在第一自然的生机世界里，曲线是无处不在的。曲线是世界和生命存在、运行的基本形态。从微观的构成生命的DNA到宏观的宇宙大爆炸所形成的旋星云，无不充满着曲线。在漫长的人类发展史中，自然优美的曲线已经逐渐渗透到人类的审美意识中。人们将自然中的曲线抽象提取出来，并升华为人工的曲线，运用到视觉艺术与艺术设计中来。如图3-2-25所示的Koi Chair用焊接工艺呈现东方传统的鱼鳞装饰图案，外形如同纹理华美的锻铁大门，传达一种在静谧花园放松休憩的恬静氛围。

从自然中具象提取线元素，就是要真诚地面对自己的感受，从自然形态中寻找、发现能够与审美意识共鸣的线条。将其从自然中提取出来，突出强化线的美感，运用材料和技术手段将线条运用到形态设计中（图3-2-26、图3-2-27）。

图3-2-25 Koi Chair Jarrod Lim 新加坡

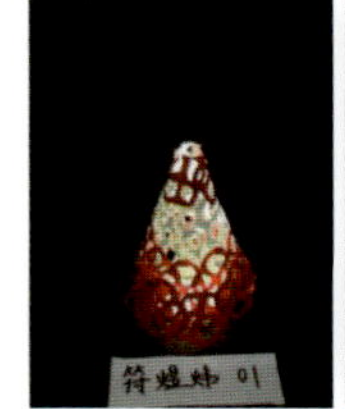

图3-2-26 青椒形态仿生设计的灯 符煜炜、张如昕

图3-2-27 仿洋葱形态设计的灯 陈艳庭

（2）整体意象提取的线

自然中的很多生命体都呈现着线型状态，如刚出土的幼苗、大树向天空自由伸展的枝干、地上蜿蜒游走的蛇与蚯蚓等。整体意象提取就是以自然生命体为研究目标与对象，注重对自然形态整体特征的感知与把握，将自然形态转化为富于生命力和情趣的设计形式，从而创造出有生命力的作品（图3-2-28至图3-2-30）。

图3-2-28 线的提取 毛静

图3-2-29 Leaf Light Yves Béhar

图3-2-30 莫吉托鞋 朱莉安・汉克斯

2.3 面的提取与运用

2.3.1 面的平面空间与立体空间提取

（1）面在平面空间中的提取

在自然的平面呈现中，面是体的剪影；是微小形态的近观；是树叶或树叶之间的缝隙；是线交叠、围合出的虚空……如果抱着发现、挖掘面的眼光在自然中寻找，就会收获很多平面图形。面在平面空间中的提取重构重点在于从不同的视角去挖掘存在于自然中的不同形式、不同趣味的平面形态，感知不同面型的表现意味。在重构的过程中从画面的整体需要出发运用形式美法则进行创造性运用（图3-2-31）。可以尝试从以下角度去挖掘面型。

① 以轮廓勾勒、变形的方法归纳自然形态求取面型。

② 以切割和打碎原形的方法求得新的视角。

③ 以剪影的方法去提炼形态。

④ 以突破空间层次的方式，通过不同空间形态轮廓错接的方式寻找有趣味的抽象面型。

图3-2-31 水母造型——面的提取 王欢

如图3-2-32所示是设计师Nao Tamura的作品Seasons。这些和树叶一样清新的碟子由硅砂材料做成，独特的柔韧性既方便于灵活应用和运输，同时方便于在微波炉、烤箱等厨房空间使用，而且这些变化万千、简洁美观的碟子堆砌或洒落又可以形成一件件赏心悦目的家居艺术品，充满诗意。

图3-2-32 Seasons Nao Tamura

（2）面在立体空间中的提取

屋顶瓦楞模仿的是动物的鳞甲；划船的船桨模仿的是鱼的鳍；锯子模仿的是锯齿草；现代起重机的挂钩模仿的是动物的爪子。面型在立体空间中的提取与运用，不仅是对面的外观形态进行提取，还要提取出它的一些原生态的组织结构关系。有时面材表面的花纹肌理也作为提取的对象一并借鉴过来（图3-2-33）。如图3-2-34所示是1851年英国伦敦的划时代建筑物——水晶宫，它的结构是园艺师兼建筑师柏斯顿（Joseph Paxton，1803~1865）通过深入研究大型荷花的叶脉而得来的灵感，并将之运用于建筑物上，用钢架和玻璃建成的结构。

图3-2-33　洋蓟花——“PH”灯系列　Poul Henningsen　丹麦

图3-2-34　荷叶叶脉——英国伦敦水晶宫　Joseph Paxton

2.3.2 面的宏观与微观提取

（1）宏观提取中的面

人类所创造的居住环境包括使用的交通工具都是用面围合的空间。人类在开创生存空间时无一不透出他们对空间的理解与表述。大自然赋予我们很多的创意灵感，无论是具象的、意象的，还是抽象的，都融入了人类的物质与精神文化生活之中。

许多在现代设计史上具有影响的设计作品，其设计灵感大多与大自然的启迪有着直接的关系，设计师们常常不会以单纯的形态来模仿某种生物，而是经常把从大自然中获取的灵感与设计在深层次上结合起来。

对于从自然形态宏观提取中的面型，一定要将形状与形式都围绕着某种表现意图、目的去归纳、提炼，而不能无目的的盲目照搬自然。一般来说，面的组织关系越复杂，单元面就越要简练、单纯。如图3-2-35所示是出自扎哈·哈迪德（Zaha Hadid）之手的液态冰川桌（Liquid Glacial Table），看起来清冷微妙，仿佛能聆听到桌子发出的淅淅沥沥的水声，甚至带有些许禅的意境。桌子看上去似乎是动态的，是一个稳定物质世界中变幻的存在。

图3-2-35 液态冰川桌 扎哈·哈迪德

（2）微观提取中的面

微观是解开大自然很多秘密的一把钥匙。在微观中，很多习以为常的事物都会现出让人惊叹的科学性结构和结构所具有的强大功能。无论是有无生命的存在体，它们与生俱来的独特结构都体现出一种令人惊叹的完美性。尼龙搭扣就是从细小的苍耳表皮肌理中获取灵感发明的。如图3-2-36所示是加利福尼亚州设计师Roxy Russell用聚酯薄膜制作的、形似水母的系列灯具Medusae。轻柔而空灵，展示着这种海洋生物所带来的独特美感，像是从深海里升起，然后逐渐凝固在半空中，透着明亮的光。北京2008年奥运会的主要场馆——“水立方”是设计师从水的泡沫结构中获得启发而设计出的作品（图3-2-37）。

图3-2-36 水母系列灯具 Roxy Russell

图3-2-37 北京2008年奥运会主要场馆——“水立方”

美国著名生物学家雅尼娜·M·拜纽什曾说：“自然使形式顺应功能。”生物是形式与功能相互关系的完美展现，生物的形态结构蕴含了自然的无穷智慧，是设计师不竭的灵感来源。面在微观上的提取运用就是着眼于自然完美的结构与功能所带给人的视觉美感。如图3-2-38所示是设计师从水生植物中获取的灵感，在形态规律研究阶段，从对水环境中沉水、浮水、挺水三种生活类型植物的外部形态、内部结构的观察入手，从形态的水环境适应性角度出发，分析形态特征与形态功能间的关联性，提取形态规律，主要关注了水生植物发达的通气组织结构、空间拓展方式、叶脉支撑结构、表面疏水肌理等方面。在设计作品中将有价值的形态结构运用在了建筑群落的平面分形布局、建筑表皮呼吸结构上。

图3-2-38　仿浮水植物水上建筑形态设计　清华大学美术学院作品

2. 3. 3 面的具象与意象提取

（1）具象元素提取的面

面型的具象元素提取就是对自然事物的和盘托出或对自然事物做稍微的形态概括。整体造型或局部面型与被模仿生物的形态比较相像。因保留了更多的生物外观特点而呈现可爱、趣味的特点。在为儿童服务的设计领域，这种仿生提取的方法用得比较多。德国设计师TED MUEHLING设计的这个瓷碗源于大自然中的贝壳，将仿生学发挥到了极致。外部采用素瓷，里面采用玻璃瓷，看上去就像是一个刚从海边捡回的贝壳（图3-2-39）。哥德堡大学公共环境设计系学生Markus Johansson的作品，受到科幻电影等的影响，将落地灯设计成水母形的外星人模样，触须用作对地板的支撑，而且还避免了光源直射带来的刺眼效果。摆在房间里，有奇妙的恬静感觉（图3-2-40）。出生于伦敦的墨西哥设计师Valentina Glez Wohlers设计了这把妙趣横生的椅子，将墨西哥的仙人掌与欧洲的设计元素相结合，形成了文化融合的奇异效果（图3-2-41）。

图3-2-29　贝壳——瓷碗　TED MUEHLING　德国

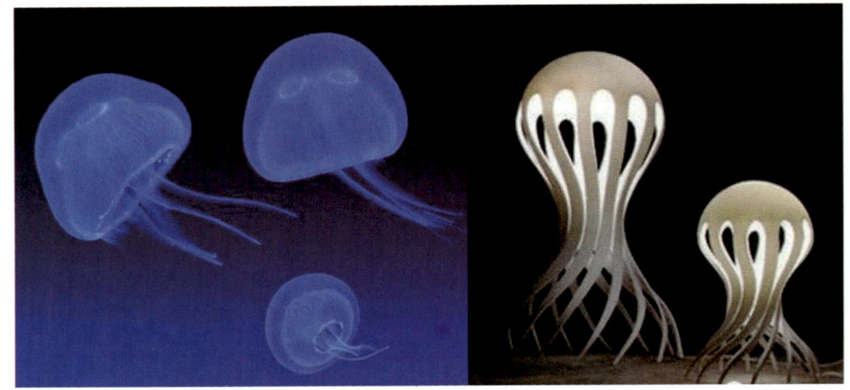

图3-2-40　水母——落地灯　Markus Johansson

图3-2-41 仙人掌——椅子 Valentina Glez Wohlers 墨西哥

（2）整体意象提取的面

具象仿生具有一定的确定性和透明性，而抽象仿生相对模糊、虚幻，给人更多的想象空间。抽象仿生形态以其隐晦、玄妙的意象性与自然原形保持着若即若离的关系。这种仿生形态往往因给观者轻松自由的想象空间而更富魅力。面的整体意象提取需要保留自然的某种象征意义，这需要对自然事物高度的概括和总结，层层深入地剖析，逐步摆脱具象因素的束缚（图3-2-42）。由于面型相较于点、线具有更多复杂的因素，相较于体又显得单薄抽象，因此面的意象提取更需要借助一定的方法步骤。

① 从被模仿生物的形态中提取出最能代表该生物特征的元素。

② 针对特征要素进行整理分析，对形态、色彩、结构进行精炼概括。

③ 进行适当的夸张变形，突出形式意味。

④ 围绕整体意象对提取要素进行组构、调整。

由丹麦设计大师Arne Jacobsen设计的蚂蚁椅是现代家具设计的经典之一。因椅子头部酷似蚂蚁头，而被命名为“蚂蚁椅”。蚂蚁椅是用成型胶合板制作，造型简洁且富有趣味性。简单的线条分割加上层压板的整体弯曲，使得座椅的形态得到全新的诠释。座椅不再是单纯的功能诉求，更重要的是具有了生命的气息。座面与背靠弧度的变化，极度符合人体结构的需求，更具舒适性（图3-2-43）。

图3-2-42 “笋”面构成（学生习作）

图3-2-43 蚂蚁椅 Arne Jacobsen 丹麦

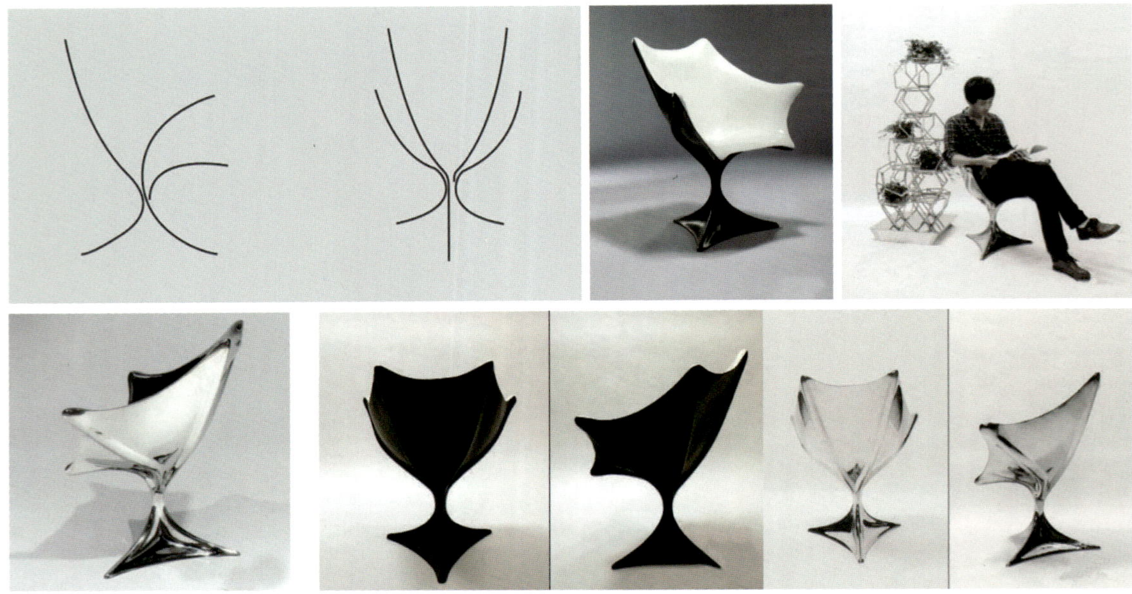

图3-2-44 “吸血鬼”座椅 羽迟浩田 日本

日本设计师羽迟浩田设计的仿生座椅——“吸血鬼座椅”，灵感来自于蝙蝠飞行时的形态，借鉴了蝙蝠翅膀的骨骼构造。内部骨骼结构提供了天然的支撑，还增加了一份野性（图3-2-44）。

2.4 块的提取与运用

2.4.1 块的平面空间与立体空间提取

（1）平面空间中块的提取

平面空间中的块体实际上就是一个体量上的幻象。关于这种体量空间上的虚幻塑造我们一点都不陌生，甚至十分擅长，但越是熟练的技巧就越容易使人忘记怀疑与思考。平面空间中块的提取练习重点在“提取”二字。没有现成的表象描摹，也不依靠立体材料的实体演示，创作者从观察自然界中的生物或非生物、微观或宏观所得到的灵感通过逻辑推理与想象，在画面中进行高度概括地立体塑造（图3-2-45、图3-2-46）。

平面空间中块的提取需要注意以下几点。

图3-2-45 块的提取习作 邹智鹏

图3-2-46 日本传统设计——伞

① 寻找独特的视角观察表现自然体量、空间。

② 打破立体空间限制，从不同的维向去概括同一个事物。

③ 抓住自然原形在空间的视觉特性进行夸张强化。

（2）立体空间中块的提取

块体在自然中随处可见，大部分点状材料微观放大观察，都给人以体块的感受。在立体空间中对立体形态进行体块的提取，主要的目的是借鉴富有美感的自然形态，通过简练的概括突出自然的优美，用人类的艺术标准结合技术手段浑然天成地再现自然形态，满足人们回归自然、返璞归真的情感需求。

在块的提取中，注意要从人的精神需求与情感体验出发，把握自然形态中与人类社会契合的独特部分，对自然原形整体或局部进行加工和整理，使新的仿生形态具有人性化和个性化的优点，达到令人耳目一新的效果（图3-2-47）。

意大利的Riva1920公司设计的这款不同寻常的“手提包”，被称为“Mondana手提包”。设计师将手提包这种颇具时尚感的物体形态与凳子这种最质朴日常的物品结合，创造出了一款很有意思的时尚凳子。凳子的主题材质全部是没有上色的质感雪松原木，在手提袋接口的部分用了黄铜钉，增强质感（图3-2-48）。

由西班牙photoAlquimia团队设计的“AJORi”调味瓶，灵感来自我们日常生活中的大蒜。作品优雅的线条，特有的质感皮肤，多样的形式，给我们留下了深刻的印象（图3-2-49）。

图3-2-47　块的提取习作　程苗苗

图3-2-48　“Mondana手提包”凳子　Riva1920　意大利

图3-2-49　大蒜——“AJORi”调味瓶　photoAlquimia　西班牙

2.4.2 块的宏观与微观提取

（1）宏观提取中的块

块的宏观提取是强调提取与运用的宏观视角。一是从宏观中的大自然入手，在变化万千的各种自然物象、地理风貌中寻求创作的源泉；二是从宏观的环境中去审视块体形态。

任何形态都不是孤立的存在，要宏观地把握块体与环境、实体与虚空，人类与自然之间的关系。

设计师D.K.Wei设计的磁悬浮云朵躺椅采用了磁悬浮的原理，使其可以悬浮在空中，而且由于采用了云朵造型，所以很好地利用了悬浮元素，就像真的云朵飘在空中一样（图3–2–50）。

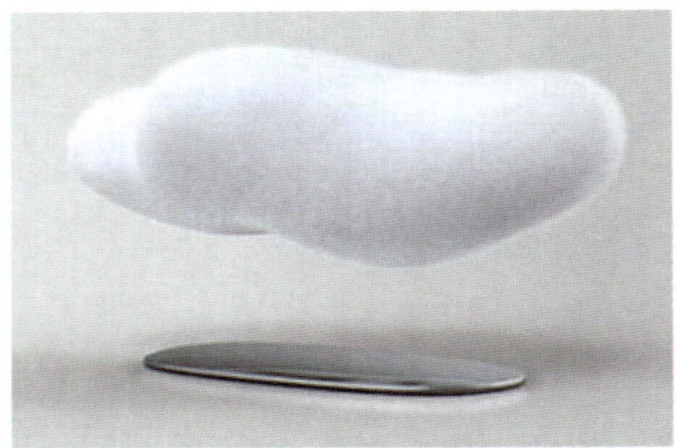

图3–2–50　磁悬浮云朵躺椅　D.K. Wei　中国香港

（2）微观提取中的块

微观视角中块的提取强调的是块的组织结构。微观中的物质是有一定的规律结构的，例如矿物的结晶体是以微小的结晶体状态集合起来的；生命肌体是由无数微小的细胞集结而成。自然物象的整体形状往往是一些相同的小的结构单位按一定的组合规律严谨地重复而成的。物质的微观结构具备了解体与重构的基因。模仿自然的组织结构，用其他性质的结构单位替换自然原有的结构单位，或模仿自然结构单位的形态，以新的秩序重新组构，都会创造出具有生命感的全新形态。

结构仿生艺术创造不仅注重整体视觉上的美观、独特，局部细小的构成单位也要追求新颖独特。这体现了人的文化与思想。

观察物象生长所呈现的条理的或无条理的、对称的或不对称的、动态的或静态的、平生的或楔形的模式，抓住了结构的本质也就抓住了自然形态的生长模式，这是作品中体现生命感的重要部分。

英国皇家艺术学院的莉莉安·凡·达尔，为了自己的毕业设计构思了一款利用仿生技术的3D打印软椅，整个设计的灵感来源于植物的细胞结构。达尔的概念软椅可以用单一的原料进行3D打印。整个设计的目标是创造一种可以连续生产，并且能够方便回收的装饰（图3–2–51）。

图3–2–51　3D打印软椅　莉莉安·凡·达尔　英国

2.4.3 块的具象与意象提取

（1）具象元素提取的块

在以块体为主的包装设计中，这种对自然形态的直接借鉴使商品显得十分生动有趣。不仅从自然形态中提炼出形态，还将自然形态的结构、色彩、质感等一并提炼出来。这种只在形态使用功能、体量大小上与自然原形形成反差的设计正逐渐成为包装设计中的新亮点。

自然形态的逼真立体仿生直观地体现出造型鲜活的个性美，充满着生命活力。在保留原有形态特征的前提下，造型更为简练直接，形体明确肯定，满足人回归自然的内心诉求，赋予形态生命的象征。

由美国金佰利公司设计的这款Kleenex“分享夏日”纸巾包装盒打破了人们对纸巾包装的长期印象，将结构和设计进行了完美融合，三角形状的纸巾包装盒被设计为切片水果的形象，如西瓜、柑橘、柠檬等，颜色鲜艳，清爽多汁，非常诱人，充满了夏日气息（图3–2–52）。

体块形态的具象元素提取包括以下几个方面。

① 形态：借助生物体的外部形态及其形象或寓意。仿生设计“果汁皮”饮料盒，包装外形看起来好像直接使用了香蕉、新西兰果、草莓、豆腐等的外壳。其设计者深泽直人说：“我觉得最近出现的八角形包装比较像香蕉。不过，没想到制作出来的实物和香蕉这么相似（图3–2–53）”。

② 色彩：模仿生物的自然色彩。色彩仿生多是模仿一些容易产生美好感觉、色彩鲜艳的暖色系，不仅能激发人们的审美情趣，还能给观者造成强烈的视觉冲击。南非的设计师Marcel Buerkle，为Quick Fruit的果冻产品设计的概念包装，将果冻上方的塑料薄膜设计成水果的切面。这样看着这款包装，就犹如看到了一个新鲜的水果，特别诱人，特别可爱（图3–2–54）。

图3–2–52 Kleenex“分享夏日”纸巾包装盒 金佰利公司 美国

图3–2–53 仿生设计“果汁皮”饮料盒 深泽直人 日本

图3–2–54 Quick Fruit果冻包装 Marcel Buerkle 南非

③ 结构：模仿生物体的内外结构，通常模仿最多的是植物的茎、叶以及动物的形体、肌肉、骨骼的结构，主要用于产品包装的造型设计（图3–2–55）。

④ 质感：模拟生物表面肌理等自然属性，再现自然生物的表面组织结构、形态和纹理。自然界中，许多生物的质地和肌理所呈现的质感是仿生设计形式美的重要源泉之一（图3–2–56）。

图3-2-55 结构仿生

图3-2-56 仿生设计“果汁皮”饮料盒 深泽直人 日本

（2）整体意象提取的块

如果把仿生设计比作天平，天平的两端分别是人与自然，那么，块的整体意象提取则是加大人的比重，使天平倾向于人的一方。仿生形态中造型的结构律动更多地体现着人的思想和情感的律动，脱离了逼真的塑造，赋予了形态更多的想象与变形。新的完整形态蕴含着自然带给人类的某种启示（图3-2-57）。

整体意象提取的块具有如下特点。

① 单纯化、简洁化的形态有利于识别与记忆，能以尽量小的代价换取尽可能大的心理效果和物理效果（图3-2-58）。

② 运用变形的手段，产生夸张的特别形象。

③ 整体感强，具有强烈的内在一致性，要么在结构秩序上、要么在风格情绪上、要么在动势力象上。强烈的一致性使分散的各个结构形态被紧紧“围缩”成一个完整而紧凑的整体。

④ 仿生形态是在人与自然之间架起的桥梁。从自然中的块体，到提取的抽象块体，再到升华为人工的块体，最后重构新的具有生命意味的意象体态。

⑤ 意象体态既有现代感的原创之美，又有自然形态结构的原始之美。

图3-2-57 牛角躺椅 Hans Wegner

图3-2-58 仿生灯设计 玛雅Puoskari 芬兰

第三节　形态中的数学美感

应用数学公式般的法则与规律，借助数学模式的力量，开拓具有数理因素的形态与色彩的综合造型，探讨艺术与数学之间情与理的关系。

人类艺术创作的过程中，一直包含着数理的构成因素，但是真正总结数理同艺术的关系，并把数理结构引入基础造型方法中的，应该是从“具体艺术”的代表马克斯·彼尔（Max Bill）和理查德·洛斯（Richard Lohse）开始的。

德国包豪斯的设计教育强调系统性和秩序性，虽然当时这种方法还未进入严谨的数理造型阶段，但其理念促进了彼尔与洛斯数理构成的形成。在包豪斯这种理念的影响下，以彼尔和洛斯为代表的具体艺术家们，把美的表现形式推向了另一个极端——纯粹的数理结构的应用，以数学的规则性、法则性开发新的造型方法，使几何抽象艺术产生新的生命力。他们追求的美感目标在于建立数学规律节奏和具有数理整齐构造美的造型。

以马克斯·彼尔为代表的具体艺术家认为“美感根基所在的平衡构造，与数学美感意识是一脉相通的”“数理成为艺术的重要元素和骨架”。以最基本的立方体为基础，按照严格的数理比例关系和角度进行变化。形体之间旋转的角度XYZ轴向都是具体的数据，形体自身也是依照一定的比例关系产生形变。

当数学的理性逻辑用艺术来表现时产生了独特的美感。

3.1 比例

比例是形式美的法则之一，是指造型中整体与局部或局部与局部之间的大小关系。在立体构成中，比例实质上是对象形式与人的心理经验之间的一种契合。当一种艺术形式因内部的某种数理关系，与人长期在实践中接触这些数理关系而形成的舒适、愉快的心理经验相契合时，这种形式就可以被称为符合比例的形式。但构成中的比例关系不像数学中的比例那样精确和机械，往往围绕一定的数理关系而上下波动。不同的人，在心理上对比例的认同是有区别的。比如对于人的漂亮与否，不同的人有不同的看法，很难用精确的数值比例将其确定下来。但不管是“环肥”还是“燕瘦”，在个人不同喜好的基础上，还是有着其基本的比例结构的。因此，学习比例，也就是学习在立体构成中把握美在形态中得到表达的一些基本的法则。

每一件物体的构成，其各成分之间都有一定的比例关系，当这种比例关系符合一定的规律时，就会给人带来美和具有内在生命力的感受。如描绘或塑造人体时，人体的躯干和四肢之间、五官之间、人的身高和体重之间都有着一定的比例结构，符合这个比例的，会使人感到是一种健康的生命力的象征，如果超出这个比例结构，就会使人感到失去了其自有的形象和美感，有丑陋、臃肿或纤细的感觉。因此，比例关系是否和谐，是一件构成作品能否产生美感和内在生命力的重要因素之一（图3-3-1）。

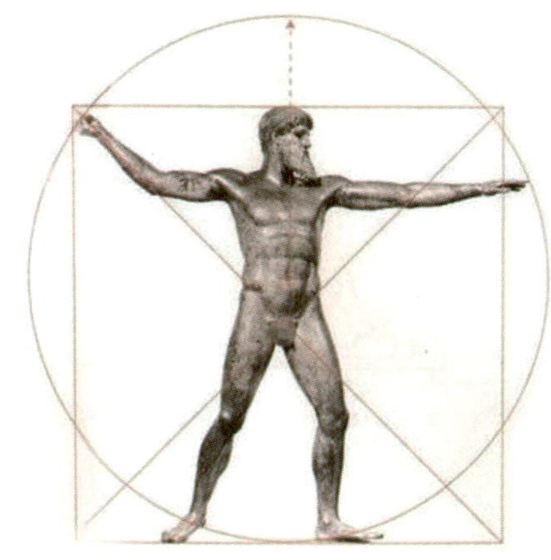

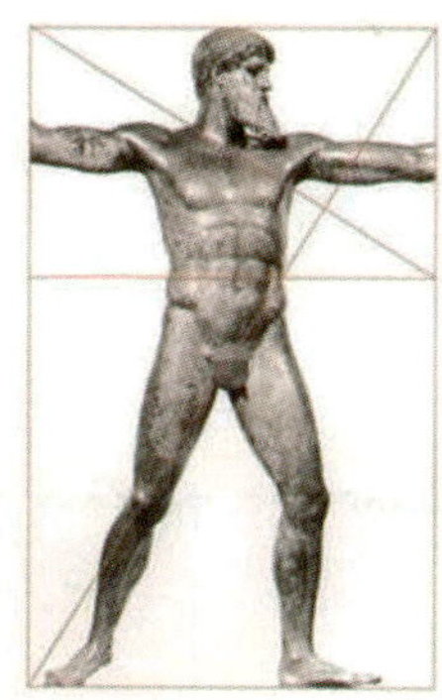

图3-3-1　维特鲁威的原理分析——宙斯

3.1.1 常用比例

（1）黄金分割比

黄金分割比是最常用，也是最著名的比例关系。黄金分割比在数学上的定义是，若将一整体分为两部分，较大部分与较小部分之比等于较大部分与较小部分的和与较大部分之比。用公式表示为：1∶1.618。它的发现可以追溯到古希腊的毕达哥拉斯，他从五角星中发现了黄金分割的数理关系，并以此来解释按这种关系创造的建筑、雕塑等艺术形式美的原因，同时又提出，最美的线型为长和宽成黄金分割比例的矩形（图3–3–2）。在随后各时代的艺术家，都努力在艺术作品中探寻黄金分割在美学中的意义。19世纪德国学者蔡辛克认为：黄金分割无论在艺术还是自然中，都是形成美的最佳比例关系。而德国近代实验美学家费希纳则根据黄金分割原理做心理实验，发现在用于实验的几何图形中，最易被人接受的比例关系与黄金分割十分接近。还有人发现，尽管世界各地种族的体型结构存在很大差异，但各种族人体的躯干宽与高之比却相差很少，基本上接近于黄金分割比。正因为人类以对自身躯干为代表的宽与高之比看得最多，也最为熟悉、习惯和喜爱，所以，凡是符合这一比例的事物，在人的心理经验中就会产生美感，这也是黄金分割被广泛运用于各种设计和立体构成中的原因。

纵观历史，在人造环境和自然界中有文字大量记载了人类对各种黄金分割比例的认知偏好。公元前20世纪到公元前16世纪的史前巨石柱记载了关于1∶1.618比例的黄金矩形的运用，这是最早的证据之一。此后，文字记载的证据还有公元前5世纪古希腊的艺术品和建筑。随后，文艺复兴时期的艺术家和建筑家们也研究记载并把黄金分割用于雕刻、绘画和建筑这些非凡的作品中。除了人造物品外，黄金分割还存在于自然界中，如人体的各种比例以及植物、动物、昆虫的比例等（图3–3–3）。

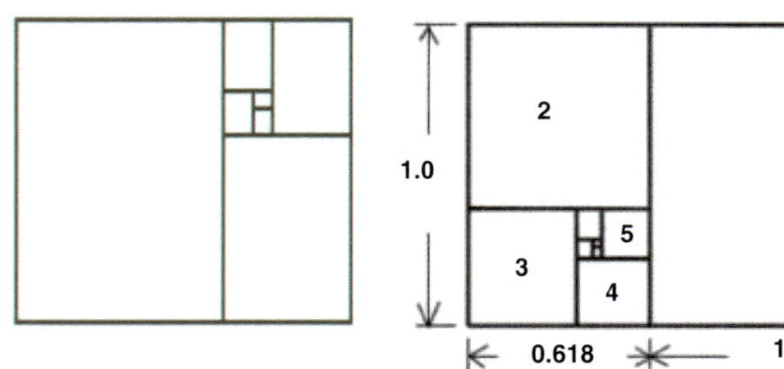

图3–3–2　黄金分割

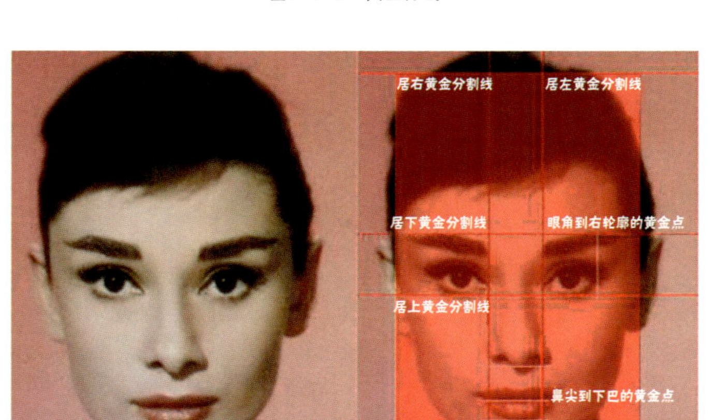

图3–3–3　人脸的比例分割

（2）三原形体比例

所谓三原形体就是指正立方体、正三角锥体和球体三种形体，这是立体形态中三种最基本的形体。正立方体具有端正、平稳、大方、正气的象征（图3-3-4）；正三角锥体具有稳定、匀称、挺拔、积极的象征（图3-3-5）；球体则具有丰满、饱和、圆满、团圆、凝聚的象征（图3-3-6）。几何形所具有的“肯定性”的外形，是容易引起注意和产生美感的原因所在。从某种意义上说，几何形体所具有的内在特定的数值比例关系是构成美的根本因素，因此，三原形体以及由其派生出来的各种形体，在立体构成中的合理运用，也是比例美的一种表达。

图3-3-4 苹果 cube

图3-3-5 玻璃金字塔

图3-3-6 墨迹天气 空气果

3.1.2 来源于自然界中的比例

“黄金分割创造和谐的力量来自于它独特的能力，就是将各个不同部分结合成为一个整体，使每一部分既保持它原有的特性，还能融合到更大的一个整体图案中（Gyorgy Doczi，*The Power of Limits*）。”对黄金分割的各种偏好并不仅限于人类的审美，它也是动植物这些生命成长方式中各种显眼的比例关系的一部分。

贝类的螺旋轮廓线显示成长过程的积淀方式，它已经成为许多科学研究与艺术研究的课题。贝类的这些成长方式是以各种黄金分割比例形成的对数螺旋线，它们被认为是完美成长方式的理论。西奥多·安德烈亚斯·库克（Theodore Andreas Cook）在他的《生命的曲线》（*The Curves of Life*）一书中把这些生长方式描述为“生命的基本过程……”每一段螺旋线表现了每个生长阶段，新生长的螺旋线非常逼近于黄金分割正方形的比例，而且比原来的大（图3-3-7）。

松果是沿着两个反向旋转的交叉螺旋线生长的，而且每颗种子都同时属于这两种交叉的螺旋线。通过对松果种子螺旋线的研究，发现有8条顺时针方向的螺旋线，13条逆时针方向的螺旋线，这个比例非常接近于黄金分割率（图3-3-8）。

许多鱼类也具有黄金分割关系（图3-3-9）。

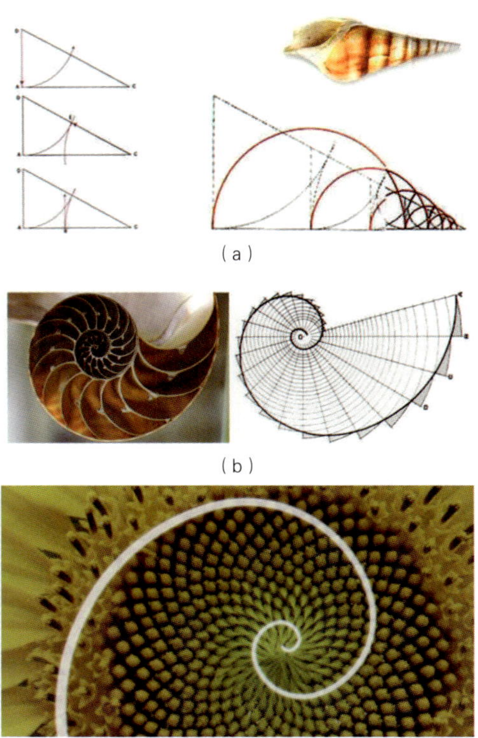

（a）

（b）

（c）

图3-3-7 自然界的黄金分割

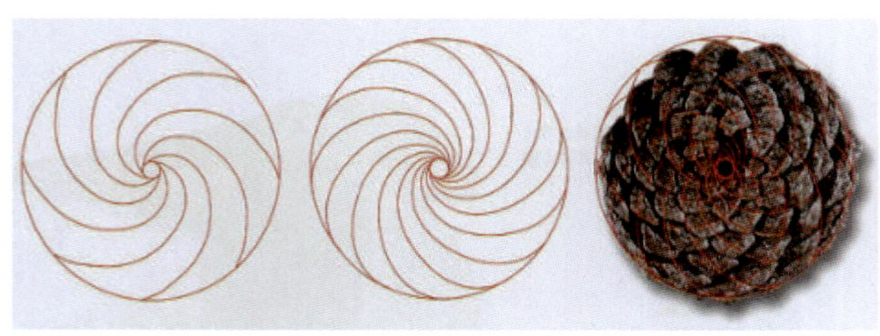

图3-3-8 松果各种螺旋线

图3-3-9 鱼的黄金分割矩形

3.1.3 存在于设计中的比例

（1）艺术作品中的比例运用

古典雕塑中人体的各种比例——人体像许多动植物一样，也具有黄金分割率（图3-3-10）。人类对于各种黄金分割比例偏好的另一个原因，也许就是人的面部和身体同样具有在所有生物中所发现的这个数学比例关系。残存保留下来的最早的关于人体与建筑比例的研究，是古希腊学者及建筑家马库斯·维特鲁威·波利的著述。维特鲁威建议，神殿这类建筑物应该采用与完美的人体比例相似的比例构成方式，因为人体各部分十分和谐。

著名画家达·芬奇的蒙娜丽莎构图就完美地体现了黄金分割在油画艺术上的应用。蒙娜丽莎的头和两肩在整幅画面中都完美地体现了黄金分割，使得这幅油画看起来是那么地和谐和完美（图3-3-11）。

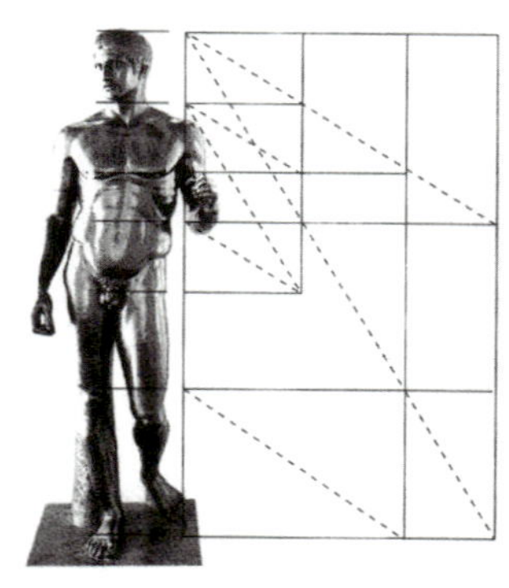

图3-3-10 雕塑中人体的各种比例

图3-3-11 达·芬奇的蒙娜丽莎的比例分割

（2）建筑中的比例运用

世界上著名的建筑物中几乎都包含“黄金分割比”，如古埃及的金字塔、古希腊的帕特农神庙、印度的泰姬陵（图3-3-12）、中国的故宫、法国的巴黎圣母院等。

古希腊帕特农神庙是举世闻名的完美建筑，它的高和宽的比是0.618。如果我们在帕特农神庙周围描一个矩形，就会发现它的长大约是宽的1.6倍，这种矩形称为黄金矩形（图3-3-13）。

图3-3-12　泰姬陵的黄金分割

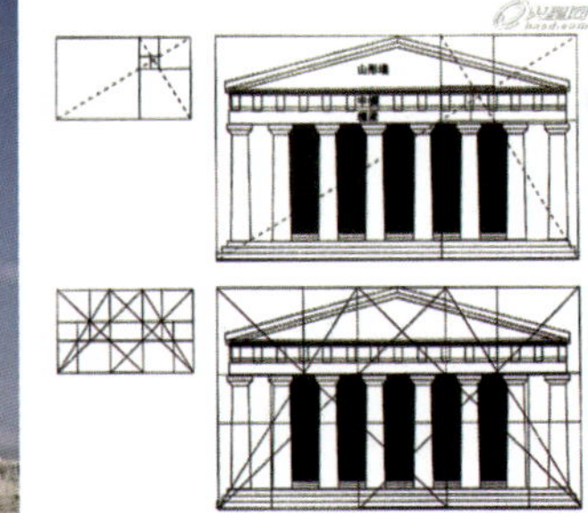

图3-3-13　帕特农神庙建筑的黄金矩形

根据黄金分割矩形分析各种比例和辅助线，巴黎圣母院大教堂建筑的整个正面具有黄金分割比例。建筑正面下部被这个黄金分割矩形中的正方形围住，两座塔楼由这个二次黄金分割矩形围住。进一步看，建筑正面的部可以被分为6个单元，其中每一个都是黄金分割矩形（图3-3-14）。

中国的故宫也毫不逊色，也具有完美的黄金分割比例。太和门庭院的深度为130米，宽度为200米，其长宽比为0.65，与黄金分割率0.618十分接近。紫禁城最重要的宫殿——太和殿位于中轴线上，从大明门到景山的距离是2.5千米，而从大明门到太和殿的庭院中心是1.5045千米，两者的比值为0.618，正好与黄金分割率等同。

图3-3-14　巴黎圣母院大教堂建筑的黄金分割矩形

（3）产品设计中的比例运用

著名的巴塞罗那椅是设计师密斯・凡德罗于1929年为在巴塞罗那举行的国际展中临时搭建的德国馆设计的，是一件以简单正方形为单元格，精心构成各种比例的一曲交响乐。它的侧视图和前视图一样，正好是一个正方形，也就是说，它恰好适合一个立方体。后背软垫的分割图案则近似为一些小的矩形。设计相同的矩形，是为了在给座椅安装皮套时经过挤压和拉伸后这些矩形仍可保持完好。这些椅腿书写的“X”形结构构造了一个优美的轮廓，成为这把椅子永恒的标志（图3-3-15）。

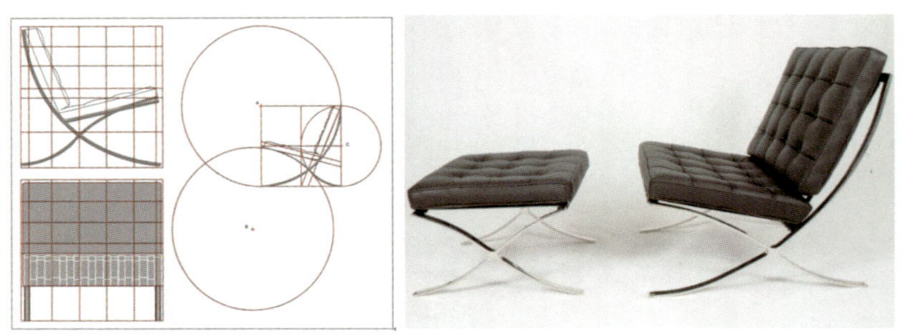

图3-3-15　巴塞罗那椅的分割图案

甲壳虫汽车的外造型符合优美黄金分割椭圆的上半部分。侧窗重复了黄金分割椭圆形状，车门在一个正方形里，符合一个黄金分割矩形，后车窗符合黄金分割矩形的比例。泊车外观造型的各处细节变化部分都与黄金分割椭圆和正圆相切，甚至天线的定位都是与前车轮轮井外圆相切。这部车的正视图大体上是一个正方形，表面各个细节都对称。引擎盖上大众公司的标志在正方形中心。结构示意图中，一个黄金分割椭圆与一个黄金分割矩形内接，车体正好处在黄金分割椭圆的一半部分，椭圆长轴刚好在车轮中轴下部。第二个黄金分割椭圆围绕着汽车侧窗，该椭圆同时与前轮轮井和后轮相切，椭圆长轴与前后轮轮井相切（图3-3-16）。

荣久庵宪司给龟甲万公司设计的“龟甲万酱油瓶”，自从1961年被设计出来后，样子从未改变过，几乎成为酱油的代名词。荣久用3年时间设计了这个烧杯形状的小红帽，在很多日本料理店及全球各地的亚洲餐馆都可以看到它。从艺术角度来看，这个酱油瓶也是无可挑剔的美丽瓶，融入了众多几何美学的理念，其中的黄金分割线如图3-3-17所示。

图3-3-16　甲壳虫汽车的分割图案

图3-3-17　龟甲万酱油瓶的黄金分割

如今宽屏显示已成为主流趋势，16：9，16：10这种比例都是比较接近黄金分割的，它们被充分应用在产品的设计上。经典的Apple Mac book pro也是使用了16：10这种极其接近黄金比的屏幕设计（图3-3-18）。

Apple logo中小叶子的高度和缺口的高度之比是0.6，而缺口的位置也和黄金分割有着千丝万缕的关系（图3-3-19）。

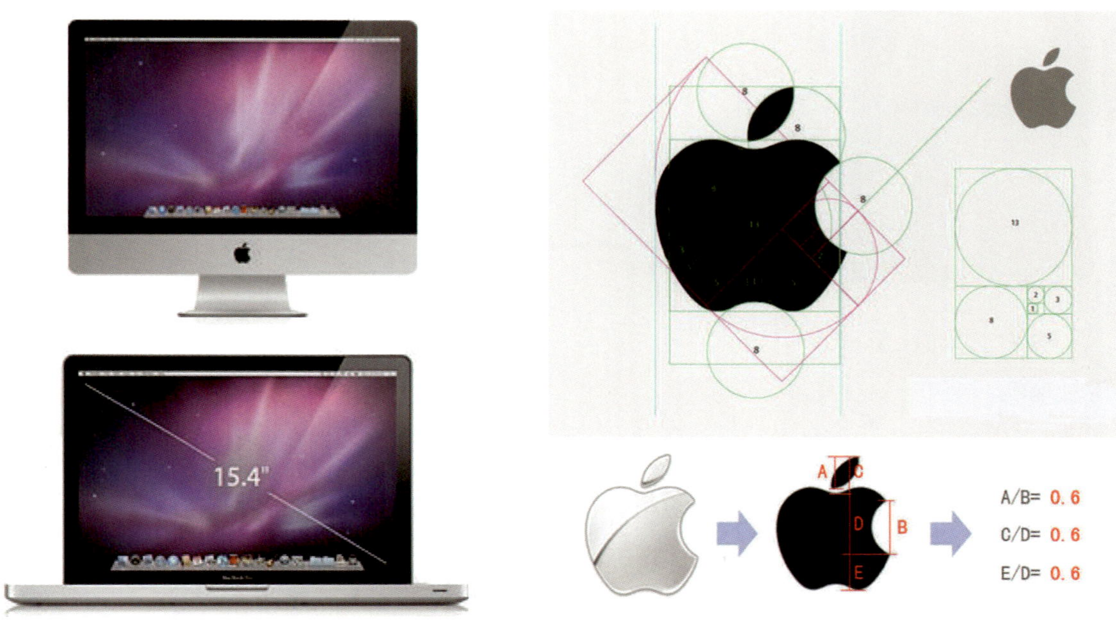

图3-3-18　Apple Mac book pro的黄金分割

图3-3-19　Apple logo的黄金分割

菲利普·斯塔克设计的柠檬榨汁机的侧视图位于一个黄金分割椭圆之中。图3-3-20中1、2、3处端点均在黄金分割椭圆上，其中一次分割后形成黄金分割矩形的对角线（虚线表示）和二次黄金分割线的交点4、5是榨汁机的另外两个端点。

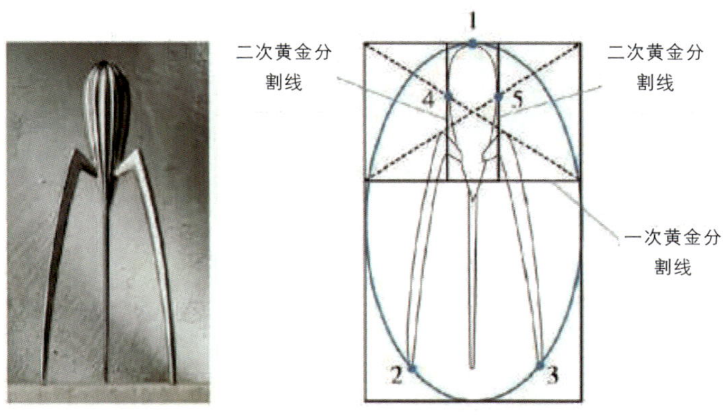

图3-3-20　菲利普·斯塔克设计的柠檬榨汁机

图3-3-21所示的无扶手座椅——基座椅（郁金香椅）是埃罗·萨里宁设计的“基座系列”中的一款。这款椅子的正视图和侧视图完全符合各种黄金分割比例，基座造型的弧线部分与黄金分割椭圆有关。正视图也可以被分解为两个部分重叠的正方形，下部正方形的上界是坐垫顶部；上部正方形底边与坐垫和支架的连接部位重合。基座的上下弧线均符合黄金分割椭圆。该基座椅的侧视图和正视图都完全符合黄金分割矩形。椅座前边缘在黄金矩形的中心，椅座与支架的安装面的宽度为椅子宽度的1/3。黄金分割椭圆类似黄金分割矩形，黄金分割椭圆垂直轴和水平轴的比率是1∶1.62，有证据表明人的认知偏好倾向于这种比例的椭圆。

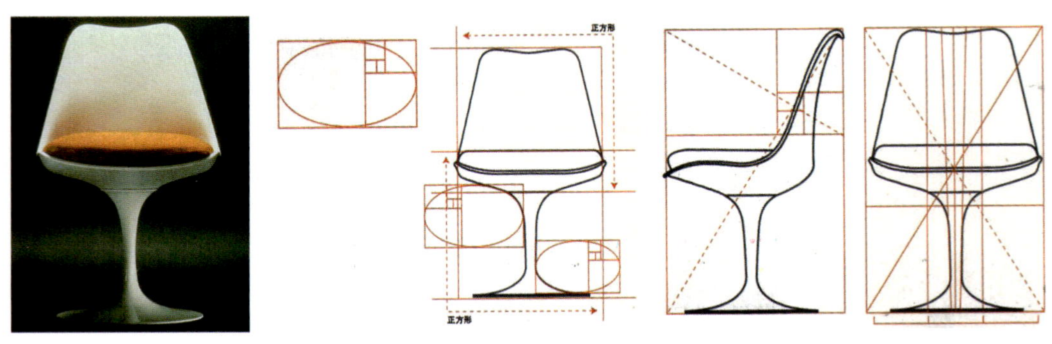

图3-3-21　基座椅的黄金分割

3.2 科学美感

美的表现形态可分为自然美、社会美、艺术美、科学美。其中科学美是源于自然美，并能为我们理智所领会的一种和谐，科学美的实质在于反映自然界的和谐。科学美与艺术美一样是建筑于自然美的基础之上的，是美的一种高级形式，是人类按照美的规律创造的成果。

关于科学美感可以概括引申出如下观点。

① 科学美感是理智观照自然，思维切近自然，而对自然界产生的一种亲近感或亲切感。

② 科学美感是人们深入宇宙殿堂，发现自然之秘，而对大自然产生的一种惊讶感和神奇感。

③ 科学美感是人们凭借自己的精神力量，运用科学的方式方法，探索、认识和征服自然，而产生的一种人类崇高感和自我超越感。

④ 科学美感是从科学作品和谐统一的自然图景中产生的那种无比愉悦和无限自由的心理体验。

⑤ 科学美蕴藉着审美直觉和审美灵感，这种直觉和灵感往往成为科学对经验事实进行选择、观察、分析、判断和综合整理的一种价值尺度。

思考与练习

1. 从自然界中寻找形态案例，并对其进行点、线、面归纳提取，使其具有一定的功能和美感。

2. 寻找自然界中构成感良好的点、线、面、块，对其进行数理分析，并思考如何将其运用到产品形态设计中。

3. 思考黄金分割比例给人的视觉感受及如何将其应用到产品设计中。

4. 从功能和形态思考比例对于产品设计的作用。

5. 寻找3款视觉感受比例良好的产品，通过测量它们的实际尺寸，得出它们的整体比例及整体和部分的比例，并分析它们的比例有何特征，是否可以在其他设计中应用。

第四章　形态与产品设计

自从工业设计学科形成以后，围绕着“形态”和“功能”命题的争论就没有停止过，好像形态与功能只要连在一起就产生了对立之感。

但凡这种争论，都是由“形式”与“功能”的关系以及工业设计的侧重点而引起的。有的侧重“形式”，轻视“功能”，论点为“功能依随形式”，主要倡导多样化和个性化；有的轻视“形式”，重“功能”，以对近现代设计有重大影响的路易·萨利文的名言“形式依随功能”为依据，以定向的功能为中心。如图4-0-1所示，“瓦西里椅”是马塞尔·布劳耶的早期成名作，设计灵感来源于当时非常流行的品牌自行车的车把。“瓦西里椅”以立方体为基础，主要框架和支撑给人以流畅轻快的感觉，看上去似乎是由一根镀铬钢管一气呵成，但事实却并非如此。其以拉紧的布条代替椅子的扶手及椅背，具有一种力度和张力。两者在设计上就自然表现出理念上的不协调和对立关系。

工业革命后，随平民化设计思想的快速发展和生产技术的日新月异，工业设计师开始逐渐意识到“功能”在一个产品设计中的地位越来越重要，并且从设计理论上提出“设计目的”这一问题，于是“功能设计”的概念由此产生。伴随着工业革命的脚步，“功能主义”的思想逐渐融入工业设计师的血脉中，随后成为设计成败的一个标准。之后，不管是生产工具、生活用品，还是艺术装饰品等，都与“功能”密不可分、相辅相成。

1919年，包豪斯学院成立，这个学院本着一切从功能出发的思想，制定出功能主义的设计原则：“产品的造型和外观必须符合内在的真实，少空话，多符合功能，整体的部件都是一个完整、有机的完善因素，只有这样造型才是美的表达，造型才能有意识地去克服不必要的能源材料的消耗和装饰材料的浪费。”在功能主义思想的影响下，设计师马塞尔·布劳耶设计的钢管椅至今依然散发着一种理性的魅力。

19世纪40年代，美国通用电气公司的迈尔斯把“功能”作为价值工程研究的核心问题。迈尔斯认为，消费者购买的不是产品本身，而是产品具有的功能。“二战”后，美国不仅继承了功能主义的思想，而且使它进一步发展和深化。

运用功能要素表达产品设计的内在价值，这在未来社会的发展上显示出越来越强劲的生命力。在国际上，很多大型企业的产品都经常用这种手段来为自己的持续发展赢得广大消费者的欢迎。索尼、松下、飞利浦的电器（图4-0-2），摩托罗拉、诺基亚的手机，福特、标致的轿车等，各企业在每一阶段推出的新型号产品里，都是以某一方面的功能要素来标榜出新的时尚卖点吸引客户，刺激社会的产品组成新格局。

图4-0-1　瓦西里椅　马塞尔·布劳耶　匈牙利

图4-0-2　飞利浦电器

第一节　构成形态与产品设计

在现代设计中，人们已不再过多地在意论点的本身提法，而是更多地注重对构成内涵的研究。

（1）物境状态的分析与确立

物境状态，从设计的意义上讲，是产品在特定环境下所包含的功能状态、使用状态、精神状态和技术状态等。只要把产品置于客观的物境状态中，形态和功能的问题就能在对立中找到统一。

（2）形态与功能之间概念的界定

一般形态，是指事物在某一条件下的组成形式及其表现形式，其中包括形态与形状两个方面。形态的信息包括了体量、形状、尺度、色彩、构成、肌理等因素。功能，指产品的功效以及能力，在工业设计中功能必须建立在人与产品的关系上。人与产品的相互影响和作用，应该发展为除了实用功能以外的审美功能，以及营造出情趣、生活环境和人文氛围的观念功能的认识。

总之，从当今设计的意义上讲，完整而独立的实体是形态，它是有一定组织的整体，我们不能只从外观上用视觉去认识。功能是广义上物质与精神的共存，所以不能只从一方面去理解它，对于形态的认识也能全面地加强对功能的认识。

（3）形态上的感知与功能上的认知

形态的作用，是其必须准确地传递产品的功能信息，而且能使消费者接受该产品形态所传递出的使用功能。功能的作用在于，其形态能合理地满足使用的功效，并能符合人们健康的生活方式和创造出良好的生活空间为目的。

众所周知，人与产品之间存在着一种信息交流的关系，即通过人的视觉和触觉传达给使用者的，才是产品形态所具有的功能。这就是形态上的感知与功能上的认知。

从形态上的感知到对功能上的认知在很大一方面取决于形态的语义表达。产品形态上的视觉和触感都应该能充分地展示和强化功能因素，否则，形态就偏离了和功能之间的联系定位。形态和功能的问题就只是设计师的一厢情愿而已。

1.1 形态与功能

功能是指产品具有的工作能力和效率。产品只有具备了为用户所接受的功能才能生产和销售。产品实质是功能的载体，功能是产品设计的目的。产品设计与制造是依附于产品实体功能而进行的，所以，功能是产品的实质。

进行产品设计前我们需要对功能进行分析，明确消费者对功能的需求。从技术角度和经济角度来分析产品应该具有的功能和水平。要想提高产品竞争力，就要从功能分析入手，这样可以更加准确、更加深入地去发现原有产品中的核心问题，排除其他问题来完善设计，并找到新产品的创新途径。

功能是产品设计的基本要求，当今的设计越来越追求时尚、时代、潮流，强调差异化、个性化，只有满足用户的心理要求、审美需求，产品才能受到市场的欢迎和消费者的喜欢。所以，功能和形态上的和谐统一必然是工业设计学习和研究的主要课题。

在形态的设计过程中，功能的研究变得十分重要。人与形态之间的关联方法有很多种，从造型活动与设计观点上来看，不外乎以功能的观念作为媒介。功能的类别，一般分为物理功能和视觉功能两种。

（1）物理功能

物理功能是指通过视觉、触觉等方式而感知的理性信息，如材料、功能、形状、色彩、构造、工艺等，这些物理功能形态是在现实功能的方式下所产生的形态，例如高尔夫球杆的形态（图4-1-1），它完全是为了满足使用者击球这个功能而产生的，离开了击球这个功能，这种形态的意义也将不复存在了。

（2）视觉功能

我们需要通过进一步的接触才能感知到感性的信息，比如形态是否美观？结构设计是否合理？色彩是否符合视觉需求？是否让人感觉协调？操作过程是否更方便、更舒适等？这些形态、材料、色彩、纹理的不同，会引起人们不同的视觉感受。

产品主要的功能就是把事物的初期状态转换为我们预期的状态，所以，在讨论产品和其他物品的关系时，在造型上我们首先要考虑的因素是物理功能。在以人为主要导向的设计活动中，人的关系与产品造型属于视觉上的功能，是心理和生理功能相混合的结果。有些产品侧重物理性机能，如工具、仪器、工业机械等；有些则侧重视觉功能，如装饰性产品、消费类型产品，都是先达到精神上的美感然后再解决物理上的功能。

鱼形CD架，其背部像鱼骨状的锯齿，刚好可以把CD牢牢卡住，实现了功能与形态的结合（图4-1-2）。

奋达天鹅音箱，从外观来看，奋达天鹅的设计极有想象力。其箱体侧面呈椭圆形，整体曲线圆滑。箱体顶端的操作面板采用镂空设计，垂直放置的扬声器单元则位于镂空设计的浑圆机身之中，从侧面看，营造出优雅天鹅的剪影形象（图4-1-3）。

图4-1-1 高尔夫球杆

图4-1-2 鱼形CD架

图4-1-3 奋达天鹅音箱

水母形态的椅子，是功能与形态恰到好处的结合。水母的足部起支撑作用，形态自由舒展；蘑菇状的半圆是座位部分；顶部原点凸起的部分既是水母的形态，又在功能上起到了按摩的作用（图4-1-4）。

图4-1-4 水母形态的椅子 方家丽

图4-1-5　蝙蝠衣服夹子

蝙蝠衣服夹子，其功能与趣味相结合。充满童趣的衣服夹子借鉴了蝙蝠的形态，而且因为是专门为万圣节而设计的，非常有气氛（图4-1-5）。

产品的形态不能与它的功能相脱离。一个好的产品设计不仅要在形式上征服消费者，而且还应该让消费者在使用过程中更加了解产品的形态在发挥功能中所起的重要作用。在用户理解和感知产品的过程中，形态与功能起着共同的作用，它们共同构建了复杂的设计系统。功能是通过使用体验与消费者产生共鸣的；形态是通过清晰的感觉和自由、纯粹的感情来唤醒人们的想象意识，最终赢得消费者的。二者之间虽然相互依赖，但形态上却具有相对的独立性，不能以功能为绝对的依赖。

功能是要通过产品来实现的，而且不只是物理上的功能，还有视觉上的功能，包括产品的样式，造型的质感、色彩等。功能美，表现为一种视觉美。功能美要通过形态来实现，而产品的形态正是表现视觉美最直接手段。因此，了解形式与功能的关系，把握两者之间的变化，有助于实现形态与功能的完美结合。

从消费者需求的角度来讲，功能可分为实用功能、象征功能、审美功能、认知功能等，它们对形态分别有一定的影响。

（3）形态契合的功能

形态契合的设计就是根据形态基本功能的要求，找出相互对应形态之间的关系。比如：左右对应、上下对应或正反对应等，让创造出来的形态相互契合、互为补充，使各自通过独立形态和形态契合的设计，形成新的统一体，从而达到扩大功能的价值、节省材料、节约空间、方便储存、减少资源投入等目的。

契合的形态往往是与物体的结构紧密相关，巧妙的结构的构成形式及丰富多变的外观形态相互补充、相得益彰，在美感中显露出一种理性与感性的交融。形态的契合往往会给人一种机智或是某种趣味的感觉。审视这些形态可使我们领略到设计创造出来的内涵。因此，从这一意义上来说，对形态契合的探索与研究将有助于拓展我们的设计视野、丰富想象力及加强形态的创造能力。

图4-1-6中是一台电话机的形态设计，话筒与机身的形态配合十分贴切。隆起的机身机座为放置话筒提供了两个斜面，这使话筒的放置显得十分稳定、可靠，同时，也使操作时感到十分方便。话筒的设计采用了曲面造型与机座完全相对应的形式，它的形体柔软轻巧，完全符合了使用者在通话、实际操作时的需要和人机等方面的最佳位置。如图1-1-7和图1-1-8所示就是形态契合的设计案例。

图4-1-6　电话机

图4-1-7　组合家具设计　Inbar Paradny Kalomidi　芬兰

图4-1-8　C30组合家具　Luis Luna　墨西哥

图4-1-9　巨蛋创意藤编沙发椅茶几组合

（4）形态组合排列的功能

组合排列是数学术语，我们将组合排列运用在产品的设计、使用的方式以及形态的结构等内涵中，会发现它已经蕴含了模块设计中所具有的相同价值。

在形态组合排列的要素设计中，所强调的是要素的兼容性、互换性及相似性，通过对这些基本要素的设计，其产品必然会有水平高、标准化、形态变化及功能变化丰富等特点。因此，在产品形态设计中，我们要利用形态要素中的互换性、兼容性，使产品在形态创造上达到异曲同工的效果。

同时，利用形态组合排列的设计方式，设计出来的产品必然会给企业带来降低成本、节省材料以及加工、运输、储存方便等利益。因此，在整个产品的设计中强调和充分利用产品部件的兼容性及互换性就能达到以最低的成本和最快的速度来开发新产品的目的。

市场上流行的组合家具设计，就是在设计中利用了单元的相似性、兼容性和互换性等进行组合排列的典型例子（图4-1-9）。

1.2 形态与结构

结构是组成产品形态的一个重要方面。一个最简单的产品，也有其一定的结构形式。我们常见的洗衣机也包含着复杂的构造内容。比如洗衣机的滚筒是如何平稳转动的？桶身与箱体是如何进行连接的？电机是怎样固定的？内部配件是如何更换的？电源如何又是连接、启动的？这些部件之间的连接、组合就构成了一个产品最基本的结构形式。产品功能必须要借助某种结构形式才可能得到实现，因此，不同的产品功能或者产品功能的延伸与发展必定导致不同结构形式的产生（图4-1-10）。

图4-1-10　蝙蝠形态——滑翔机

现在不少新结构的出现都是伴随着人们对材料特性的逐步认识以及不断加以应用的基础上发展起来的。从原始社会人类对石刀、石斧、陶罐、陶盆的使用到如今人们使用的各种家用电器、机械工具等，产品的形态已经发生了根本性的变化，而这些变化都和人类对产品功能的开发和新材料的运用有着密切的内在关系。因此，构造的创新是产品形态创新的一个重要因素。

产品形态与结构有着紧密的联系。因此，产品设计的基础训练，应着重研究形态与结构之间的关系，并通过认真地观察自然，分析、研究普遍存在于自然界中的优秀结构实例，探索设计新的结构形式。

结构是依据材料的属性，使材料间建立适当、合理的联系组织形式。

1.2.1 结构与自然

结构普遍存在大自然的物体之中，所以，生物要想保持自己的形态，就需要有一定强度、刚度和稳定性的结构作为支撑。如一片树叶、蜘蛛网、蛋壳等。它们看上去非常弱小，但有时却能承受非常大的压力。在人类长期的生活实践中，对自然界科学合理的结构原理逐步认识，并从中获得了发展和利用。如图4-1-11中由Il Hoon Roh设计的这款“树枝”茶几，采用了一棵树的树枝结构，最大限度地利用了这种自然的结构性优势，并结合最强的人造材料雕塑。茶几支架由碳纤维、钢和芳纶纤维材料制成，足以保证它的坚固性，这就是科学合理的结构发挥出的重要作用。

产品形态与结构有着紧密的联系。所以，基础设计的训练，应该研究形态与结构之间的相互关系，并且通过认真深入地观察自然，从中分析和研究普遍存在于自然界中的优秀结构实例，探索设计中新的结构形式（图4-1-12、图4-2-13）。

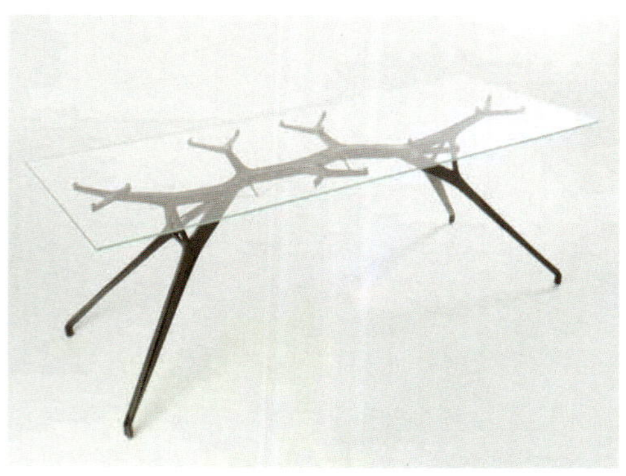

图4-1-11　“树枝”茶几　Il Hoon Roh

图4-1-12　运用树枝结构的衣帽架

图4-1-13　运用蛛网结构设计的“小虾笼”

我国古代家具结构设计的典范在于它们将结构力学应用得十分合理，如其中的建筑艺术和工程技术就展现出很高的水平（图4–1–14）。

图4–1–14 根据树干支撑结构而来的明式家具腿支撑结构

1.2.2 产品结构与连接

形态设计中的材料要素与结构有着密切关联，不同的材料特性有不同的加工、连接和组合方法，新的结构也会随着人们对材料的认识而不断发展。如用再生纸所做成的鸡蛋包装盒，其中的再生纸是把回收的废纸重新做成纸浆再加工成纸质材料。其内部结构比较松散，表面粗糙，所以纸张强度较弱，但是通过机械压模做成的薄壳形结构的鸡蛋包装盒，强度有了很大提高，从而起到保护鸡蛋的作用。

结构是产品系统内部各要素的联系。产品功能是产品设计的目的，而结构则是产品功能的承担者，产品的结构决定着产品功能的实现。结构也是形态的承担者，因此，产品结构必定受到材料、工艺、产品使用环境等因素的制约。

通常，物体形态的存在都依赖于物体自身的结构。产品结构，除了内部结构外，产品的外形本身也是一种结构设计。

产品结构可分为两大类：内部结构和外部结构。

① 内部结构是指依靠某项技术原理而形成的具有核心功能的产品结构，内部结构通常涉及复杂的技术问题。对用户而言，内部结构通常不可见，但设计师必须明确并且依据产品所具有的功能进行外部结构的设计，使产品拥有应有的性能，从而形成一个完整的产品。

② 外部结构不仅指外观造型，还包括与此相关的整体结构。外部结构是指通过材料与形态来体现的，它不仅是形态的承担者，也是内在功能的传达者。

有时外观结构的变换不会直接影响其核心功能，比如电话、电冰箱等，不管外部结构怎样变换，它们的通话或制冷功能是不会改变的。在另外一些情况下，外观结构本身也是核心功能的承担者，它们的结构形式会直接决定产品的功效，如各种材质的容器。

另外，设计师还应了解空间结构。空间结构是指产品与周围环境相互联系、和相互作用的纽带。一些作为实体的产品除了其自身的空间构成关系以外，还存在着以产品为中心的空间环境关系，也就是产品的使用环境，这种空间关系也应作为产品的一部分。“埏埴以为器，当其无，有器之用。凿户牖以为室，当其无，有室之用”是最早的空间概念，正是对实体与空间关系的最好解释。

绝大部分的形态结构要依靠材料之间的连接来完成，材料连接的方式直接影响到形态结构和外形变化。

在形态结构当中，材料的连接方式有很多种，相同材料与不同材料有着不同的连接方式。但观其规律，这些连接方式可归纳为“滑接”“榫接”（铰接）和“刚接”三个基本的类型。

① 滑接主要是指通过物体自重和加强物体表面的摩擦而达到物体之间的相互连接。如砖石的堆砌。这种连接方式一般稳定性比较差，当受到外力作用时，材料容易脱离。

② 榫接是建筑、家具设计中常用的一种材料连接方式。如传统的桌椅、门窗结构等，其连接主要是依靠材料的特殊结构，使形成形体之间相互契合，构成其连接的形式。利用“榫接”形式的结构稳定性较好，连接形式变化较多。铰接是榫接变化形式中的一种，其连接形式主要是通过某种连接件将材料连接起来，比如家具中利用铰链或金属、塑料连接件将材料接合的形式。

③ 刚接主要是指通过对材料的连接点采用化学或物理的加工方法使其连接并产生较强的刚接点，比如金属、塑料等材料的焊接、黏结等。

虽然材料的连接方式基本上离不开这三种类型，但在现实的设计和制造中，材料的连接方式是千变万化的。如榫接是传统家具中采用的基本连接方式，但是榫接的形式就有几百种之多。因此，我们要不断探索更新、更合理的连接方式。

不管在产品设计中采用哪种类型的连接方式，主要视材料的性能、加工方法及产品功能、形态要求而定。如今，科技的迅速发展，新工艺、新材料的不断出现以及产品新功能的持续研发，势必要求我们在传统知识的基础上去探索和创造更新的材料连接方法。

以下提供一些材料的基本连接方式（图4–1–15至图4–1–26）。

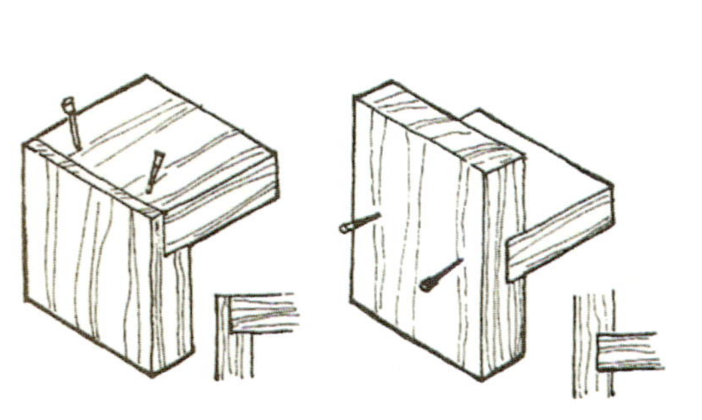
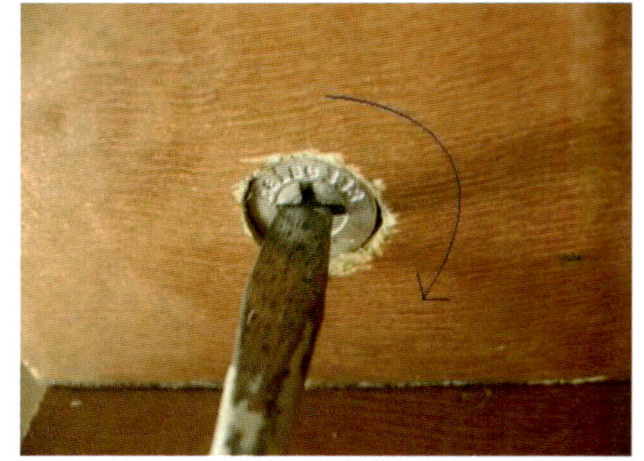

图4–1–15　铁钉连接

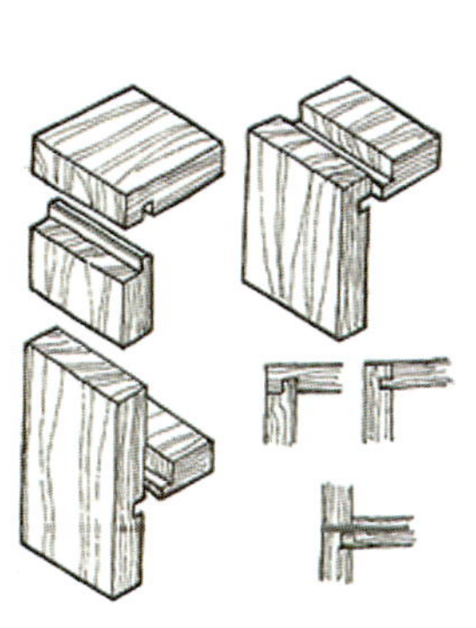

图4–1–16　榫舌、榫槽连接

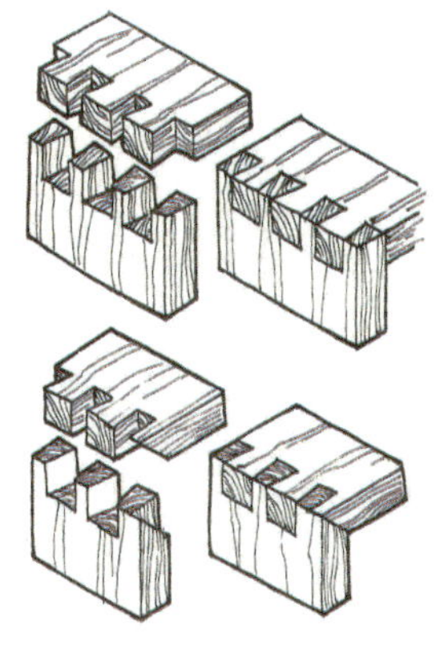

图4-1-17 燕尾榫

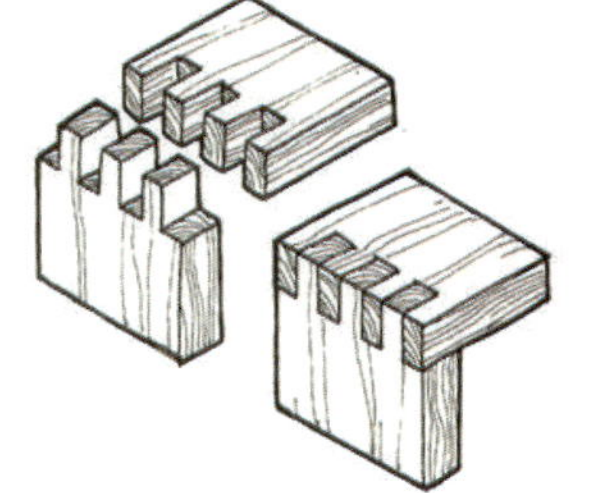

图4-1-18 指接榫

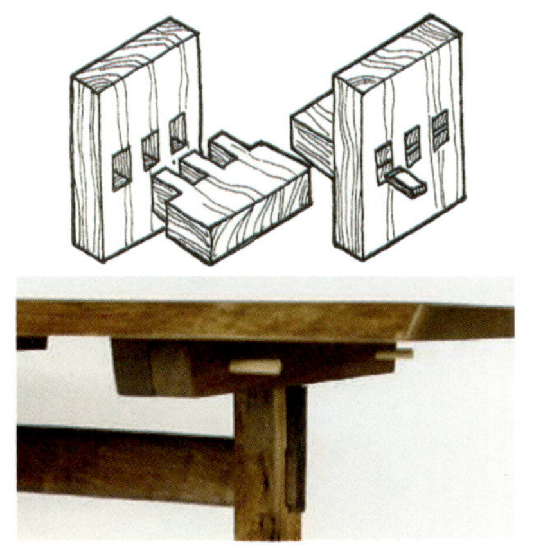

图4-1-19 指楔榫

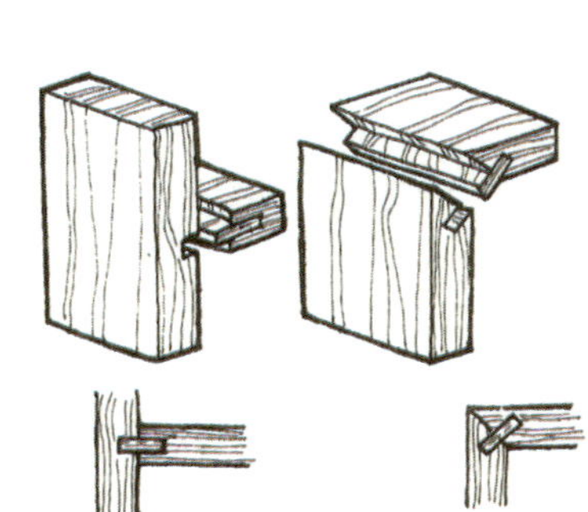

图4-1-20 置入式木榫角接合

图4-1-21 直榫上连接和斜连接

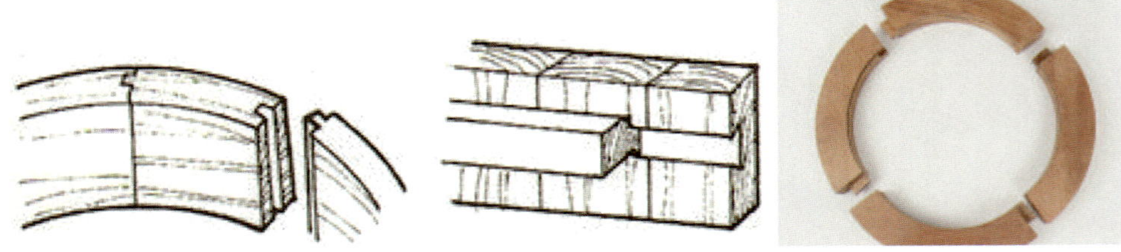

图4-1-22　圆弧槽接合吸盘燕尾拼接

图4-1-23　槽榫接合

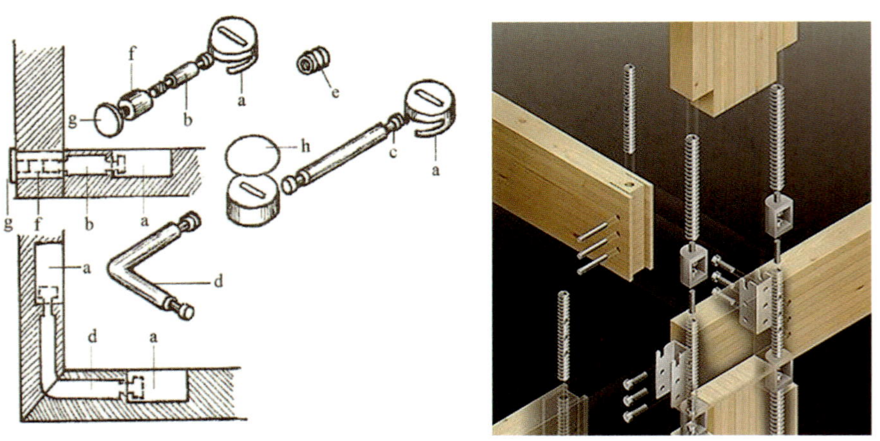

图4-1-24　穿心螺栓偏心箱体连接件连接方式（a.偏心盒 b.连接螺栓 c.双螺栓连接器 d.斜角螺栓连接器 e.螺钉螺母 f.双面连接螺栓 g.隐蔽帽 h.塑料盖板）

图4-1-25 契合拼接和燕尾穿条连接

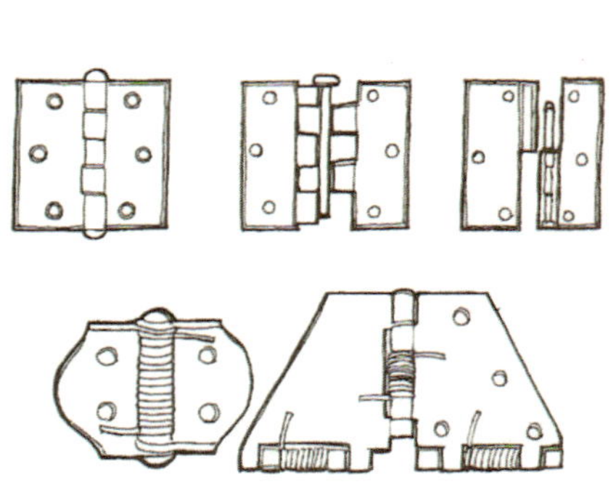

图4-1-26 用于连接各类橱柜的门及板材的铰链和弹簧铰链

《形态构造》一书将其大致分为：折叠结构、契合结构、连接结构、壳体结构、弹力结构、气囊结构等（表4-1-1）。

表4-1-1 构造分类

分类	方法	概念	特点	列举产品
折叠结构	折	轴心式折叠；平行式折叠	有效地利用空间；便于携带；一物多用；安全；降低仓储以及运输成本；便于归类管理	
	叠	重叠式；套式；卷式		

（续表）

分类	方法	概念	特点	列举产品
契合结构	榫卯	凸出部分叫榫（或榫头）；凹进部分叫卯（或榫眼、榫槽），榫和卯咬合，起到连接作用	有效地利用材料；融机智于趣味之中；有利于组合与排列；便于归类管理	
	拉链	通过拉头运动使闭合角逐一合拢，使得链牙上的凸出齿逐一列入相邻链牙的凹槽中，形成契合结构		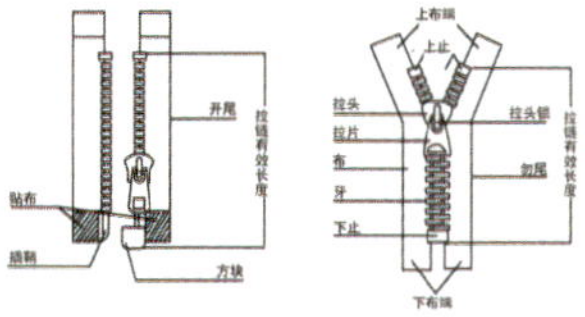
	拼图	用不同形状拼成一个完整的大形		
连接结构	动连接	连杆机构；传动机构等	很好地利用传动装置实现功能部件的运动。 有利于机器的控制、装配、安装、维护和安全等而设置传动装置	
	静连接	插接；锁扣；螺旋；铆接；焊接；粘接	用于装配，在工作时不能也不允许发生变化的连接件。很好地固定零部件之间的锁扣，并根据维修和其他特定需要，灵活选择可拆卸或不可拆卸连接	

（续表）

分类	方法	概念	特点	列举产品
壳体结构	球状壳体	两向弯曲的薄壳	壳体结构的受力主要是受压，合适的形状会减小阻力。小件产品可以有很好的抓握性	
	筒状壳体	单向弯曲的筒状或锥状薄壳		
	鞍形壳体	包括圆锥状等		
	自由形壳体	不规则形状		
弹力结构	利用材料弹性来形成的结构	—	采用材料自身的弹性，达到锁扣关闭的目的，无须其他零部件	
气囊结构	充气式结构	—	很好的可压缩材料，节省收纳空间	

1.2.3 结构强度与结构构成形式的关系

排除材料自身的因素，结构的强度与结构的构成形式有着密切的关系。

（1）结构强度与材料形态的关系

两个材料相同，截面积相同，不同形态的材料，其截面是方形的强度要比截面为圆形的强度高。根据力学实验的测定，力对与材料的影响主要作用在材料相对的两端，而材料中间部分（即中性轴部分）受力的影响相对较少。同样面积的方形和圆形材料相比较，圆形中性轴上的材料要比方形的多，故圆形没有发挥作用的材料要比方形的多，因此，方形的材料比圆形的材料强度高（图4-1-27）。

根据上述截面积相等，中性轴材料越少强度越高的原理，把钢型材设计成工字钢结构形式，从而增加了钢材的强度。在工字钢型材基础上又发展成了各种桁架的结构形式，通过对材料形态结构的改变，最大限度地发挥材料的强度（图4–1–28、图4–1–29）。

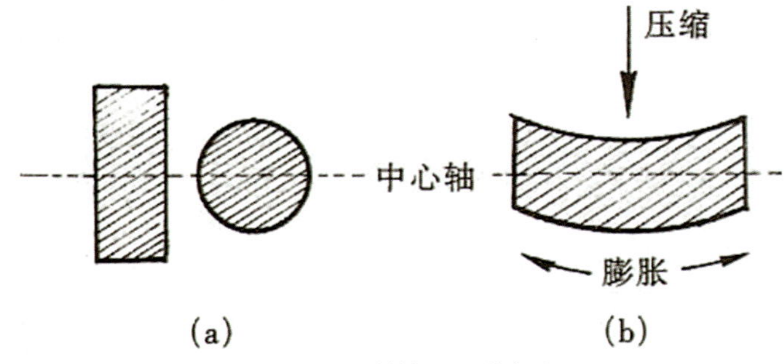

图4–1–27　材料受压下的变形

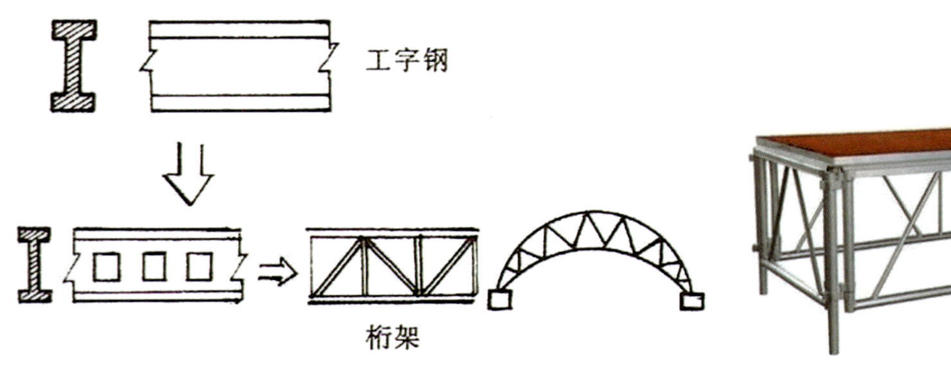

图4–1–28　工字钢桁架结构形式

图4–1–29　铝合金拼装可拆卸舞台的支撑脚结构

（2）结构强度与结构稳定性的关系

结构强度与结构的稳定性有关，如三角形在结构稳定性上最强。不少方形造型的家具在结构稳定性上较差易变形，为了加强其结构承载强度，通常都会在四脚的上端增加一根支撑杆，使其形成一个稳定的三角形，故稳定的结构造型具有较强的结构强度（图4–1–30、图4–1–31）。除此之外，还有圆形、薄壳形（蛋形）、拱形等，这些都需要我们积累物理学常识，增强产品设计的结构稳定性。

（3）结构强度与受力方向的关系

结构的强度与受力方向有密切关系。有时虽是同样的结构，如果改变了力的作用方向，其结构的强度与稳定性也会受到影响（图4–1–32）。

在产品设计中，有不少折叠结构形式就是从这一原理发展起来的。不同形态的折叠椅子，虽然它们的形态不一，但折叠原理都是从上述活动结构的原理发展而来的，即通过压力对结构方向的变化，使结构发生了变位，达到折叠的效果（图4–1–33）。

从产品的设计到使用的整个周期中，外部结构受到的制约因素和出现的问题都是无法回避的。产品系统中的每个要素问题都会在不同阶段显现出来，成为产品设计过程中的问题点。由于设计师设计的内容涉及范围相对较大，并且不同的产品有不同的知识与技术，所以，结构设计对设计师来说是很大的挑战。要做好这点就应把握关键的设计方法——掌握内部结构与外部结构的关系，树立整体设计观念。

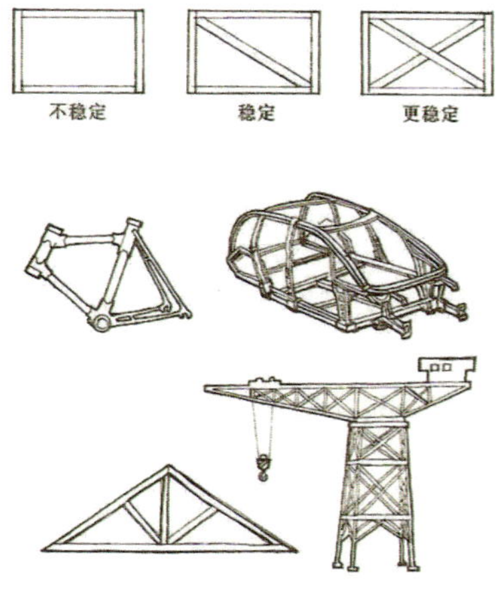

图4-1-30　运用三角形稳定结构的产品设计

图4-1-31　Otto Table Paolo Cappello　意大利

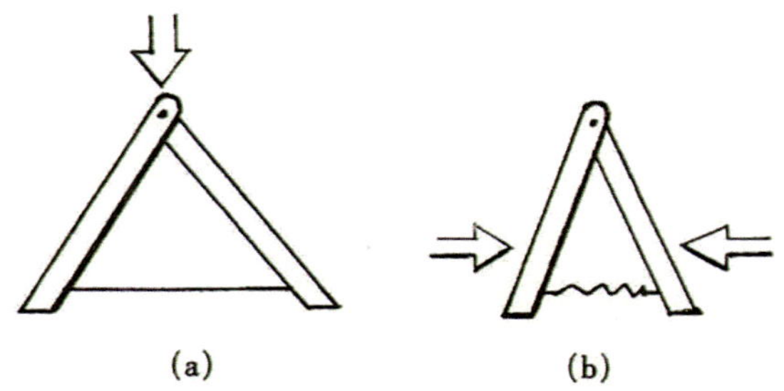

图4-1-32　不同受力方向的影响

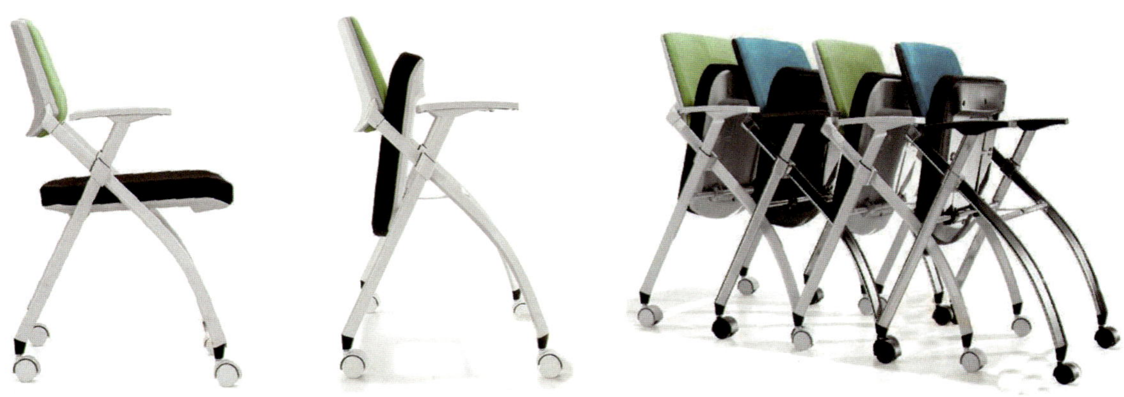

图4-1-33　折叠椅

内部结构与外部结构两者是不可分割、相互作用的整体。相对内部结构，外部结构的变化空间要大很多。这时，就容易无限制地发挥外部结构的想象力而忽视了内部结构的制约。因此，只有正确处理好内部结构与外部结构的有机关系，树立整体观念，才能设计出更合理的产品结构。

总之，物体形态的存在必须依赖于物体自身的结构。人们只有不断利用自然界中优秀的结构形式，并不断促使结构形式更趋向科学性、合理性，才能促进事物形态产生新变化。

1.2.4 模块设计

模块化产品设计和生产可在保持产品较高通用性的同时为产品提供多样化的配置，因此模块化的产品是解决定制化生产和批量化生产这对矛盾的一条出路。

（1）模块设计的概念

拆装产品结构设计的一种有效方式是进行模块化设计。所谓模块化设计就是在对一定范围内功能不同或相同但性能、规格不同的产品进行功能分析的基础上，划分并设计出一系列功能模块，并通过对模块的选择和组合构成不同产品的设计方法。模块化的思想已广为人们所接受，并应用于家电、家具等行业的设计生产中。

模块是构成产品的一个部分，它具有独立的功能，具有统一的连接接口，相同种类的模块在产品族中可重用和互换，相关模块排列组合就可形成最终的产品。模块的组合配置，可创建不同需求的产品，满足客户的定制需求（图4-1-34）。

在世界很多的著名公司中已经有不少成功应用平台化、模块化产品战略的案例。日本佳能公司生产的单镜头反光取景照相机，所有的镜头卡口的标准是完全一致的，同时佳能公司数量庞大的镜头群可以满足各种客户的需求，从而使佳能公司的产品可以满足从刚入门的摄影爱好者到专业摄影师的庞大客户群的需求。目前，佳能公司的这种技术已经渗透到了数码相机领域，其生产的EOS300D数码单反相机（图4-1-35）让数码单反相机走下神坛，价位直逼普通数码相机，它同样可以使用佳能的所有镜头，这对摄影爱好者具有难以抗拒的吸引力。

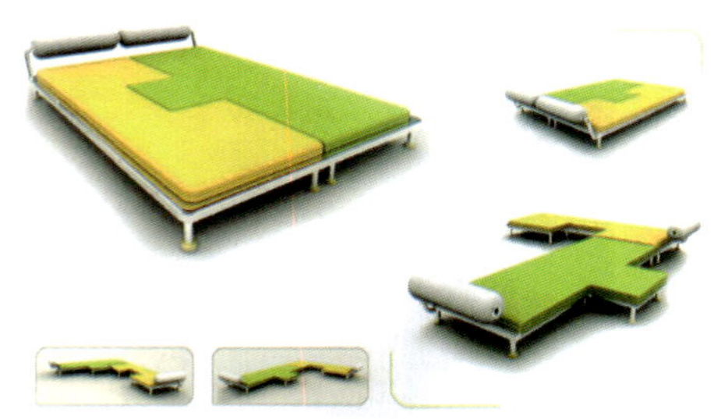

图4-1-34　家具的模块组合

图4-1-35　EOS300D数码单反相机镜头的模块化设计

（2）模块的特点

① 模块拥有独立的功能。模块的功能是整个产品功能的组成部分（图4-1-36）。

由于模块的功能一定要考虑到系列产品中的互换问题，所以某些模块的功能在某一个产品中有可能是多余的，但从全局的角度来看这样做是值得的。例如，计算机主板上的PCI插槽一般有4~6个，但大部分计算机上仅仅使用1个或2个，这种功能的部分多余带来的是强大的扩展能力及大范围的互换能力。

② 标准的几何连接和相同的接口。世界著名的玩具供应商乐高（Lego）公司，通过积木模块之间的不同组合可以拼成几乎不可估计数量的形状，这在市场上取得了巨大的成功。乐高公司的积木模块定义的关键就是几何连接接口（图4-1-37）。当然，在实际的生产制造业中随着产品复杂度的增加，模块的几何连接接口也要比这复杂得多（图4-1-38）。

图4-1-36　组合架设计　Peter Marigold　英国

图4-1-37　乐高积木

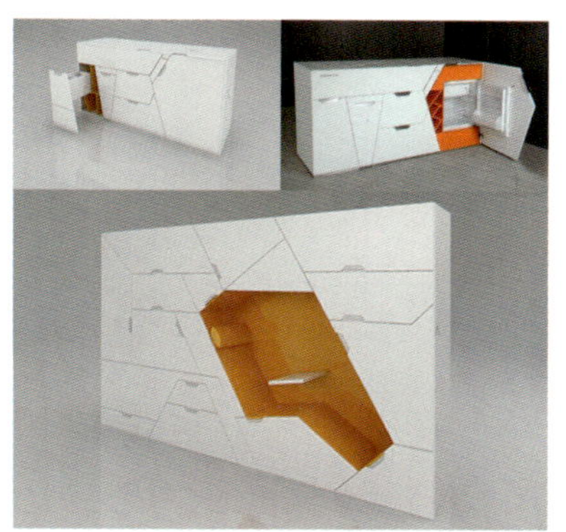
图4-1-38　极省空间模块化家具

第二节　自然形态与产品设计

自设计诞生以来，大自然中形形色色的形态与色彩便为人类造物设计提供了无数的素材和启示。正如达·芬奇所说“自然，是一切老师的老师”，在人类社会漫长的发展历程中，向大自然学习一直是一条不变的法则，人们正是在对大自然持续地探索、发现与汲取的过程中奋勇前进，从蛮荒时代走向文明时代，从原始社会走向现代社会。

自然形态可分为无机的形态与有机的形态两大类。具有生长机能的自然生物形态叫作“有机形态”。例如海豚在大海游泳时为了减少阻力而形成的流线型形态；花生为了保护壳里的种子而形成的表面具有一定强度和曲面的形态等。有机形态是在进化过程中为了更好地适应外界环境而形成的；无机形态是在重力环境与地质运动中形成的，它们的存在有着必然而又充分的理由，因此在设计领域中有广泛地应用。

有机形态与产品设计案例如图4-2-1、图4-2-2所示。

图4-2-1　奔驰仿生车

图4-2-2　大众甲壳虫

没有生命的形态称作“无机形态”，例如天空中的白云、自然界中的山石等。自然形态是大自然的杰作，各种各样的自然物的存在与运动都会具有一定的结构、形式与秩序，当中就蕴含和体现出一定的自然规律。自然形态在经过长期的演化之后具有自身的合理性与自然美感，其中包括精深的功用和形态的联系。除此之外，自然事物以它特有的视觉冲击力来表现着情感。一棵垂柳、一块岩石、一汪清泉、落日的余晖、飘零的秋叶、墙上的裂缝等，它们直观的表象或纯粹的外观带给人的知觉冲击就有着激发人类情感的效果，因此在设计中也有广泛的应用。

无机形态与产品设计案例如图4-2-3至图4-2-5所示。

图4-2-3　月亮灯　Anil Ercan

图4-2-4　鹅卵石茶壶

图4-2-5　菊石形状洗手池　海德克

2.1 自然形态在产品设计中的应用

飞利浦公司推出的“Senso Touch”剃须刀，整体造型设计体现时尚、大气。在形态上，它的侧面和男性头颈部的侧面存在着完美的一致性，调节开关的按钮就在男性颈部的喉结处，按钮上设计有增加摩擦和便于推动的突起，很明确地指示了该产品的操作方式（图4-2-6）。

图4-2-7中，鹤形摄像头的形态宛若一只优雅的丹顶鹤，拉长的支架与丹顶鹤挺拔的双腿如出一辙，给人高雅、亭亭玉立的美感。

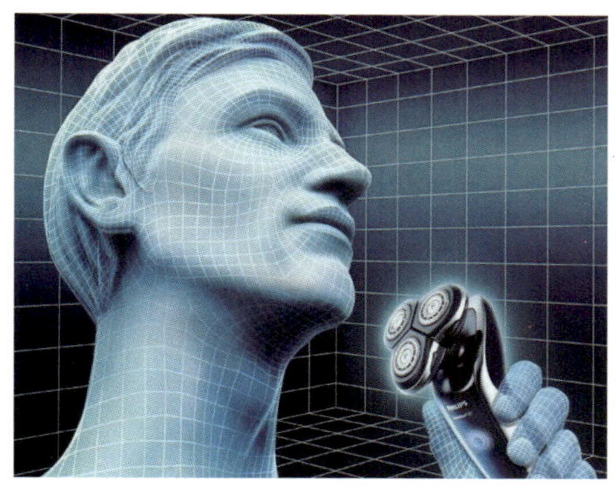

图4-2-6 剃须刀

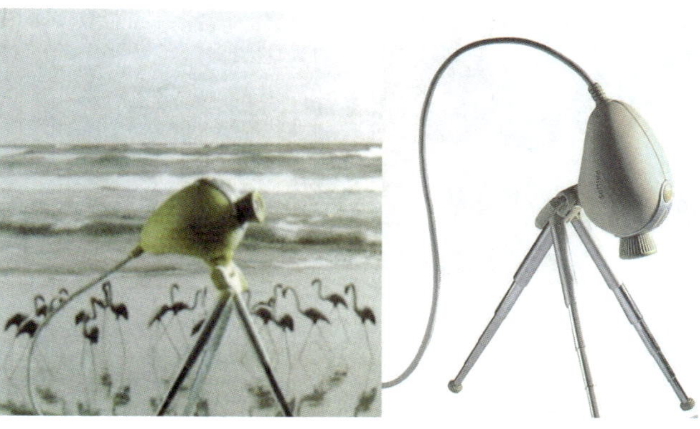

图4-2-7 鹤形摄像头

首饰的造型是一种立体的形态，首饰的设计从本质上来讲就是形态的创造和设计。不管是何种首饰的形态，从设计活动的开始，设计者就应该以点、线、面的构成要素和形式美法则来进行形态的创造与设计。如图4-2-8所示的首饰设计作品，第一眼就会被它简洁优美的几何造型所吸引，而且这种几何造型的感觉来源于大自然，给人以云卷云舒的惬意感，看似随意弯折的流畅曲线在三维空间中所呈现出的自然形态美感，浑然天成。

图4-2-9的自然风格首饰的设计中，没有笔直的线条，没有规则的曲线，也没有规整的圆形或方形，只单纯地借用了一些树枝的自然形态，线条随意而且流畅，点缀着零星的叶片，让作品整体上更加贴近自然，更富有自然的情趣。

图4-2-8 首饰设计

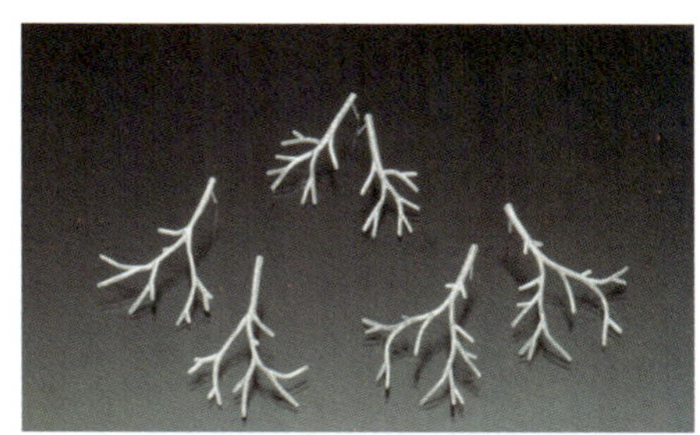

图4-2-9 自然风格首饰设计作品 Sarah Hood

2.2 产品设计中的自然形态要素

设计都具有时代性。进入现代社会以后，人类曾为工业文明所带来的前所未有的巨大发展而欢欣鼓舞，然而却又为其所产生的一些负面作用所负累，如环境的恶化、生态的破坏、人情的冷漠等问题使得大自然对人类的亲和力提升到了空前的高度。在21世纪的今天，随着人们生态意识的觉醒，以自然的形态、自然的材料、自然的色彩等为主的一些设计理念与形式越来越受到当下设计师的重视与关注，并将其应用到了设计的各个领域当中。现代人呼吁“回归自然”的呼声日趋高涨，究其根本，既有感性原因也有理性原因。

（1）感性原因

在漫长的进化过程中，以水作为生命之源、以土石作为穴居、以植物来维持生命，这种人类本能的需要，就潜意识地形成了人类向往自然的天性，使人类对大自然充满了热爱之情。人们歌唱日月星辰、赞美田园山水，这不仅体现了大自然的和谐与秩序，而且赋予了其人格化的意义。正所谓“智者乐水，仁者乐山”，自然形态中的情感内涵便成为了人们利用的感情基础。

（2）理性原因

人类文明的发展历程也是人类处理与大自然之间密切关系的过程，而设计就在其中起到一个重要的媒介与推动作用。人类文明已跨过了原始蛮荒，并经历了农耕文化与工业革命的漫长发展过程，对自然的态度由敬畏到征服，人类自身也体会到了“征服自然”的苦果。于是人类就用一种更为理性的态度来考虑人与自然之间的关系，由工业文明的对立方向走向生态文明的和谐理念，由征服自然变成回归自然和天人合一。

2.3 仿生设计的意义

① 仿生学可以从科学和理性的角度，为产品造型提供形态素材和依据，激发了设计灵感，是产品造型的重要方法之一。

大自然孕育了万物，也包括人类自身，天生万物，各得其法。根据达尔文物种进化论的观点，自然界中的万物之所以能够生存、繁衍都体现了适者生存的法则，其中各个物种的形态造型必然是其得以生存和发展的重要因素，也就是物种的形态特点有其符合自然需求的合理性、优化性和审美性的一面。产品是人为的“第二自然”，同样也存在着“适者生存”的法则，而自然界中这些数以万计的生物形态正是设计师取之不尽的形态素材。师法自然进而激发出设计师的设计灵感和思想火花，设计师从自然界的生物形态中汲取优化和合理的一面，并将之融入到产品造型设计当中，必然使具有生物形态特点的产品同其模仿对象一样，在形态上有其“生存的空间”。

在1994年，阿勒萨德罗·蒙蒂尼设计的“ANNAG”开瓶器，产品造型宛如一位翩翩起舞的长裙女子，造型优美、活泼生动。此产品造型把开启美酒和女子起舞的形态动作结合在一起，可谓匠心独具、富有浪漫色彩（图4-2-10）。同样地，迈克尔·格雷夫斯设计的“快乐鸟嘴壶（tea kettle）”，是20世纪80年代中后期后现代标志性的产品设计。他用鸟形的报警哨子，赋予了该设计作品“会唱歌”的美名（图4-2-11）。

② 仿生学研究生物系统结构和性质的学科内容为工业设计提供了重要和坚实的工程原理、技术和结构等方面的物质支持，是设计得以构想、展示、实施的有力科学与理性依据。

设计师的设计理念和构想灵感大都来源于自然界。达·芬奇在16世纪时就写道，人类的灵性将会创造出多样的发明来，但是并不能使得这些发明更美妙、更简洁、更明朗，因为自然的物产都是恰到好处的。然而，仿

图4-2-10　ANNAG开瓶器

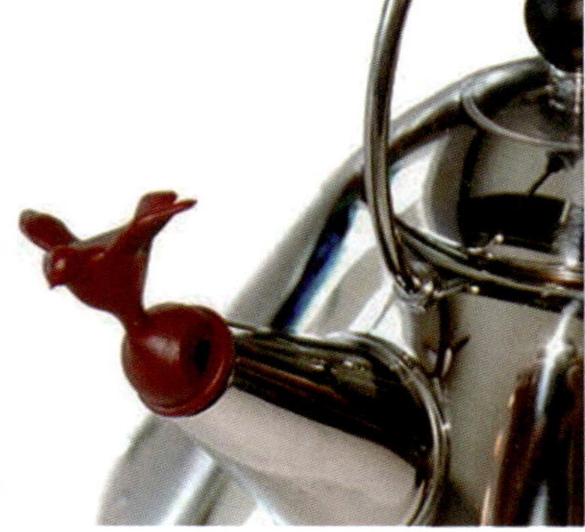

图4-2-11　快乐鸟嘴壶　迈克尔·格雷夫斯

生学对于设计的意义并非只是对大自然的一些模仿，而是透过自然现象探究其自然系统背后的机制，即生物工程技术和工作原理，然后为设计的构想打开一片广阔的领域，为设计的实施提供理论与技术的支持，最终达到造福人类社会这一根本目的。

蝙蝠既能昼伏夜出又能灵活地避开一些障碍物，从仿生学的研究得出，它不是靠眼睛观看，而是靠嘴、喉和耳朵组成的回声定位系统判断物体的方位。蝙蝠回声定位这一生物工程技术为雷达的设计构想提供了灵感，使得雷达的设计在理论和技术上找到了支持。又如，飞机高速飞行时，机翼受到气流的冲击时常发生颤振，从而导致了机翼的断裂，机毁人亡。仿生学家从蜻蜓翅膀上的翅痣联想到了配重，于是就给飞机机翼上装了配重，从此，飞机的此类事故大大减少，完善了飞行中的空气动力学，对飞机的设计意义重大。再如，对响尾蛇的生物研究，形成的红外传感技术，对军工产品的设计有着指导意义，成为了许多武器设计构思的理论基石。

③ 仿生学在产品设计中的运用可以提升设计融入自然系统的可能性，增加产品与自然间的亲和力，体现出设计师对自然的尊重与理解，建立起“绿色、生态、系统化”的设计思想。

仿生学设计的一个最大特点便是设计的自然亲和力，在设计中，由于仿生对象的自然属性，使得设计必然多多少少地映射出同自然千丝万缕的联系，大自然的一些合理因素在设计作品上得到了特定意义的体现，或者说在设计中蕴含着自然的影子。产品是设计师创造的“第二自然”，人为的“第二自然”和“第一自然”之间取得某种协调与统一，使第二自然更为巧妙地融入到第一自然中去，客观上也决定了采用仿生设计的可行性和合理性。

设计师的职责不是去破坏自然，而是力图通过设计来营造更为和谐完美的绿色生态系统。如图4-2-12所示的这家淡水工厂由一系列堆叠在一起的生物圈构成，从外观上看，它好像是一堆肥皂泡。这座怪异的高塔，其玻璃圆顶结构扮演着至关重要的角色，能够利用红树过滤海水以获取淡水。红树可吸收咸水中的物质并渗出淡水，宝贵的淡水钻出红树体外后蒸发并凝结成露水，工厂内的淡水池则负责收集露水。

④ 运用仿生学进行设计，可以更好地帮助设计师“借景生情、借物咏志”，赋予设计产品更多的精神和文化内涵，从而产生丰富多彩的个性化设计和趣味化设计。

自然界的万物千姿百态、变化万千，是设计取之不尽的灵感源泉。除了形态、机能等物质素材外，更蕴含着深刻的哲理和真谛。种子的破土发芽代表了新生命的开始、向日葵的向光性代表了时间的流逝、萤火虫尾部的光代表了黑暗中的光明、猎豹的飞奔代表了速度的展示。自然界的一切都为设计师设计思想的表现找到了物的载体，从而借景生情、借物咏志，以此来抒发自己的设计情感、见解、观念与主旨。

图4-2-12　西班牙泡泡形淡水工厂

⑤ 仿生学在设计上的运用也会有个“度”的问题，也会存在着一定的适宜方式与方法，以近似原则性的设计思想为指导的协调方法决不是不分对象和不分目的信手拈来的设计之作。

仿生设计绝对不是拿来主义，也不是形而上学式机械地照搬、照用，而应该是以一种提炼、扩展与升华的态度，正确地处理仿生学与设计的关系。源于自然却又高于自然，这与仿生学的科学研究目的（理解、解读生物系统的工作原理，以实现特定功能为中心目的）是一致的。一味地复制生物组织会导致产品设计的平庸与惨不忍睹，例如人类在制造飞行器过程中的种种失败设想。但怀特兄弟成功地跨越了这个难关，他们不是单纯地模仿鸟类的姿势，而是不断考察鸟儿在升降与滑翔时的微妙变化，然后将其变化移植到有固定机翼的飞机上，仿生设计的关键就在于设计师理解、体会仿生对象生物系统原理的实质。

仿生学的目的不在于复制每一个细节，而是要理解生物系统的工作原理、评定其机能关系、适应方法、存活方法与自我更新方法等。把生物系统中一切可能的优越结构与物理学特性结合利用，这样的设计不但合理，而且还可能会得到一些性能上比自然界中形成的体系更为科学和完善的仿生设计。

⑥ 在仿生学的运用中，设计对象和仿生对象之间应具有某些特定的相关性和互动性因素，符合人的认知习惯和认知心理，师法得体。

仿生学的运用小到模仿生物的外在形态大到模仿生物的生理机制，其前提来自人们对某种生物的认知感。人类的认知常常带有一种惯性。对某种事物的认知经常会形成一种特定的意识或概念，进而将这种特定的意识或概念转接到与之相关的事物上去，在潜意识里用之前形成的认知概念来理解、判断和接受与之相关的新事物来（第一次接触到）。若把仿生学运用到工业设计当中，设计师必须理解和关注人类的认知规律，更为慎重地、有选择性地面对仿生对象，把握和处理好设计对象和仿生对象之间的关系。师法有据，师法有理，避免在设计中产生歧义。

美洲虎给人的认知是速度与野性。模仿其生态的特点来设计的美洲虎汽车（图4-2-13）自然也会让人联想到该车的高速和驾驶的刺激。这种仿生设计便是恰当的，也是合乎情理的。更有日本GK工业设计事务所为山叶公司设计的“奔牛”形态的摩托车（图4-2-14）；菲利普·斯塔克设计的“章鱼”形态的榨汁机等。这些设计成功地把握了设计对象和仿生对象之间的相关性和互动性因素，符合人们的认知心理，使得设计被大众所理解和接受，成为优秀设计的代表。

图4-2-13 美洲虎汽车

图4-2-14 “奔牛”形态的摩托车 山叶公司

2.4 从自然形态到产品设计语言的转化

正是由于人们对自然中的形态情感与形态功能的发掘和模仿，才铸造了自然形态和人造形态之间相互转化的特定契机。所以说，自然形态向人造形态的转化，或者说向产品设计语言的转化是人类认识自然和改造自然的必然结果。自然形态在形态语义、材料使用、色彩关系、生态环境等方面给了设计师一些直接或间接的启发，使我们学会了如何使用自然材料来思考，如何使功能与形式相结合，如何使设计更富有情趣与人性化等。

将自然形态的要素转化为产品设计的语言，有多种诉求表达方式，如自然形态的模仿应该借助自然的材料和肌理来表达对自然的感情，从自然界中提取设计元素来再创造以及人类长期研究自然界的生物形态和功能基础上形成的科学称为仿生学。

（1）自然形态的模仿

设计师从植物或动物的形态特征出发寻找解决形态设计问题的答案，这种方法由来已久。在原始社会低下的生产力与恶劣的自然条件下，人类只有依靠这种办法来维持自身的生存发展。而今，这种最原始、最直接的造型方法依然在帮助着设计师从大自然中汲取灵感来源，如用花朵形态设计的椅子，由油滴在水中自由扩散的形态引发设计师联想到的茶几设计等。最巧妙的是这款名为“livingstones”（图4-2-15）的产品，看上去像一堆大小不一、形态各异的石头，但摸上去没有石头的坚硬与冰冷，它实际上是柔软而舒适的布艺产品。随意地

图4-2-15 鹅卵石软垫（livingstones） Stéphanie Marin

摆放在家里的一个角落，可以当作床、被子、枕头、沙发；放在室外可以当作装饰。其色彩、形状、大小各不相同，可以满足不同的使用方式。这款别出心裁的设计作品为我们模仿自然开拓了新的思路。

（2）借助自然材料、肌理表达自然感情

自然材料富有人性朴素而又单纯的美，它能够从心理上激发人们亲近自然、回归自然的美妙感觉，如原生的草、竹、木、泥土、植物纤维及茎叶等。肌理泛指自然材料自身的纹理和结构形态，或人工材料经处理设计而形成的一种表面的材质效果，也就是材料表面的组织与构造。在进行产品设计时，通过恰当地运用材料与肌理来表达产品自然、温和、亲近的感觉。

（3）从自然界提取设计元素再创造

按照形态设计原理，设计师会以分解的观点观察自然界，然后再重新组合创造新的造型，并强调再重新组合一些要素来表现，其中的关键就是分解与合成。这里的分解指的是把自然界的事物分解成各个局部，分解到最后变成点、线、面、体等形态要素的表现力来创造形态；合成指的是把分解后的各个部分重新组合，再把形成的新要素组合来创造新的形态。

现代设计一直以来都注重产品的功能价值，提倡以功能为主导形式的理性主义设计观，但仿生设计却运用了形态为主导的产品设计，使产品在视觉上更具冲击力与美感特征，同时又表现出趣味、丰富的文化和情感意象，赋予产品更为人性化的鲜明特征。具体分为以下几个方面。

① 具象形态的仿生设计。

具象形态的仿生设计指的是产品在外观形态上接近大自然中的被仿对象， 是对自然形态的归纳与夸张，其外在造型比较直观地再现自然物的形态设计。具象的形态可以明显地通过视觉特征来辨认出被仿物，并且具有很好的直观性和自然性。具象形态的仿生设计并不是完全照抄大自然的物体形态，为了更好地满足人的使用需求也加入了一定的创造性因素，使具象形态具有情趣性、拟人性、可爱性的视觉效果， 因此与大多数人的审美价值相吻合， 更易于被人们接受与欢迎。

② 抽象形态的仿生设计。

抽象形态是运用简单的形态语言，如点、线、面、体的构成来反映生物体独特的本质特征，比较重视形态，含蓄地意象表达。事物独特的本质特征可以为整体的特征，也可能为局部的特征。它会力求通过简单的、有机的造型元素塑造出产品，使抽象的仿生形态极具形式简化性和特征概括性，产品象征的内容具有一定的延伸意义。

③ 形态语意。

仿生物的形态特征设计，主要是从单纯的生物外部形态来获得某些灵感的产品设计作品的语意学，是基于符号学产品本身的一个完整的符号系统，是表达意义、传递信息的符号载体。产品的语意包含“编码”和“解码”。设计师根据要表达的创意，对图形符号进行挑选、组合与创造，这是“编码” 的过程；消费者根据产品的一些符号形式进行一定的联想与推理作出解释，这是“解码”的过程。整个系统都是以产品的视觉特征作为载体的。

根据产品的语意传达出的信息的外延性与内涵性， 产品语意中包含了指示性语意与象征性语意。指示性语意指的是产品的造型特征部分与操作部分的设计，表现出产品本身就具有的内在的功能价值，可以形象地解释形态中的“形”。象征性语意指的是在产品的造型要素中不能直接表现出的“潜在的”关系， 即是由产品的造型来间接地说明产品本身特定内容之外的东西，还可以解释为形态中的“态”。

下面是自然形态设计应用的两个设计案例。

设计案例1：卫浴产品设计（陶涛）。

设计师也在不停地探索着仿生学的奥秘，感受人与自然的亲近与和谐，把鹈鹕、鲨鱼（图4-2-16）的形态运用到简洁的卫浴设计（图4-2-17、图4-2-18）当中，流线型的造型极具亲和力，而这就是大自然的魅力。

图4-2-16　鹈鹕、鲨鱼

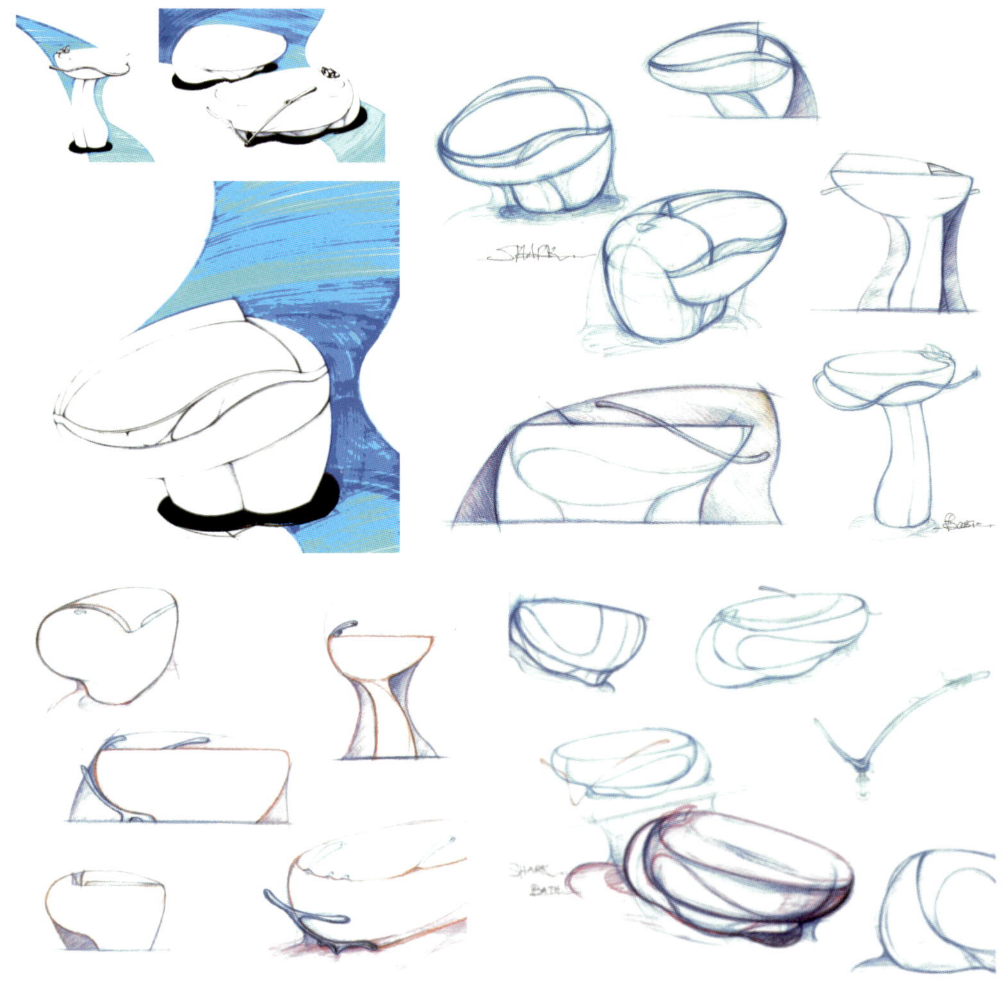

图4-2-17　从鹈鹕、鲨鱼的形态得到启发进行的卫浴产品设计1

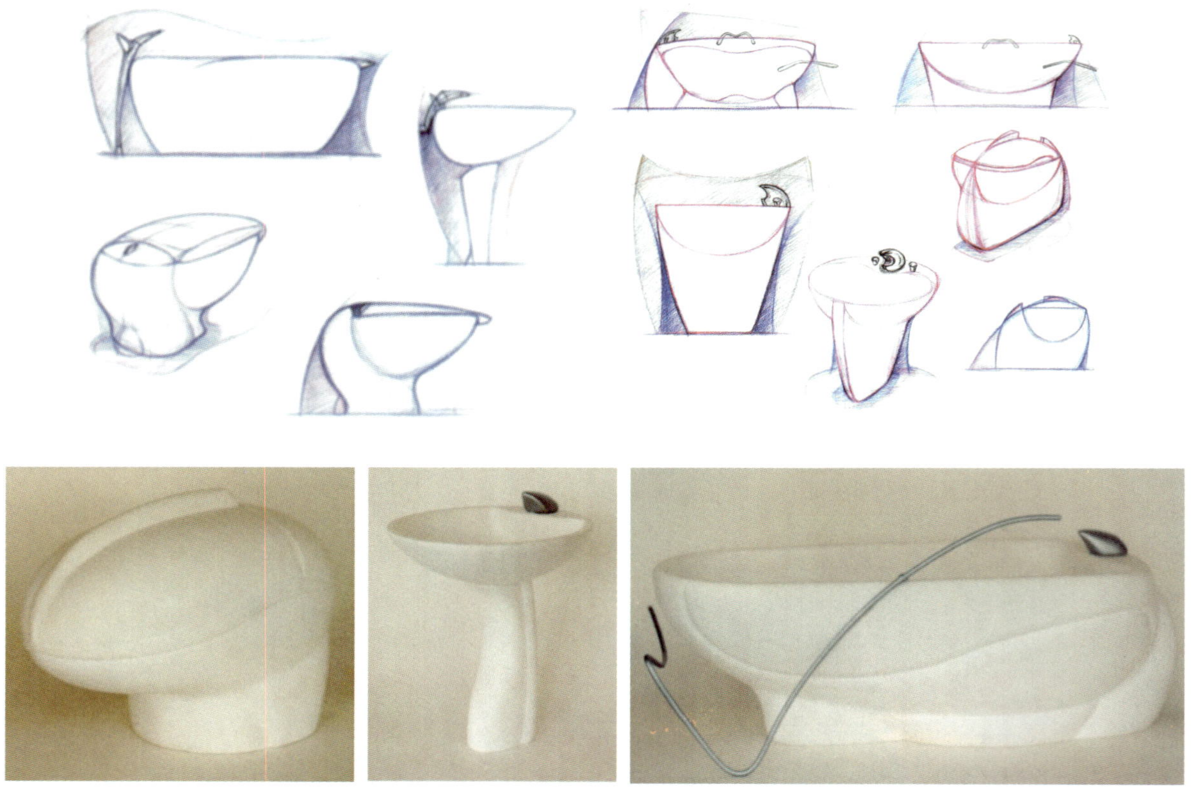

图4-2-18 从鹈鹕、鲨鱼的形态得到启发进行的卫浴产品设计2

设计案例2：仿生形态的椅子设计（张浩轩）。

该设计灵感来源于蝴蝶造型，同时，为适应电子商务时代的需求，产品安装采用了模块分离设计，分别由头枕、靠垫、坐垫、万向转动结构、连接杆、底座总承和支撑脚组成，每个部件间采用自带螺纹连接，安装中无需工具。头枕、靠垫、坐垫背面均能转动一定角度，使坐具完美贴合不同体型人的颈、背、腰、臀部曲线，而且使用了较硬的海绵材质，加强了支撑的舒适性（图4-2-19、图4-2-20）。

图4-2-19 蝶椅设计

图4-2-20　蝶椅设计

第三节　人群对产品形态的影响

工业产品设计的目的是使所设计的产品能与使用者达到最佳的亲和性与匹配性。这种设计上的亲和性与匹配性，不仅能满足产品使用者的使用需求，还要与使用者的生理需求与心理需求等各方面的需求达到恰到好处的配合。要达到这种配合效果，产品的设计就要随着不同目标人群的特征变化而进行相应的调整。在竞争激烈的现代工业中，通过对消费群体的细致划分做出有针对性的工业设计也有重要的现实意义。

3.1 性别要素

由于男女的生理构造和社会角色定位不同导致在社会生活中的心理性定位有显著不同，所以，在工业产品设计中性别是较明显的要素。通常情况下，适宜男性的产品在外部形态上更趋于简洁干净，直线运用较多，线型比较质朴硬朗，在转折处多采用硬过渡以强调棱线；而以女性为开发对象的产品在形态风格上更多会采用圆润饱满的曲线型态，整体圆滑光亮，在局部细节处理上更加细致富于变化，以迎合女性细致感性的心理需求。在色彩上，银、深蓝、黑等给人硬朗厚朴感觉的色彩较适宜男性（图4-3-1）；而红、浅蓝、白、粉等更容易突出女性娇柔妩媚的特质（图4-3-2）。

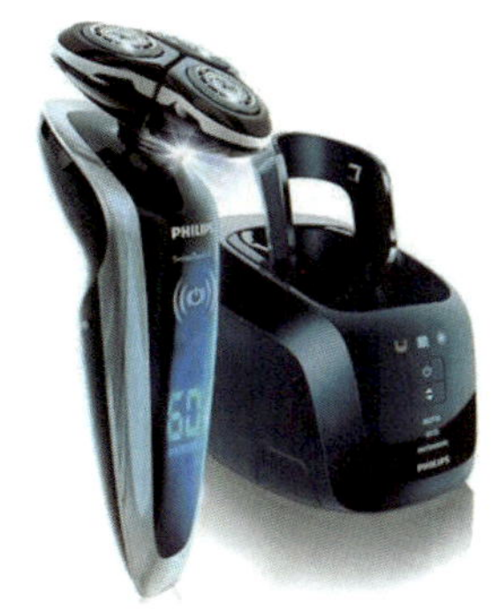

图4-3-1　飞利浦RQ1290 臻锋系列男用剃须刀

图4-3-2　飞利浦HP6508女用脱毛器

3.2 年龄要素

由于不同的年龄段会有生理构造上的差异，因此针对不同年龄的用户，产品设计也应根据需要而有所侧重。以手机为例，经调查，年纪较大的用户群大多比较偏爱大屏幕、大按键、数字图标明显、功能简单易用、外形不花哨、色彩较朴素（图4-3-3）等设计元素；而较年轻的用户群则比较偏爱外形时尚感强、色彩绚丽、功能多而全（图4-3-4）的元素。在不同的年龄阶段，人们的生理与心理都是不同的，对产品的要求也是不同的，所以在产品设计时就要认真研究不同年龄段的特殊要求，以达到更好的亲和性和匹配性。

图4-3-3　mc001s 21克老年人手机

图4-3-4　iPhone 6s玫瑰金手机

3.3 宗教与文化环境要素

不同民族、国家、地区的差别往往是构成文化环境差异最直接的要素，具体表现为人们在伦理道德、价值标准、生活方式、宗教信仰、风俗习惯等方面的认知与习惯的不同。在技术、市场、资本等国际化不断增强的背景下，是否重视这种差异性，是产品设计能否成功的重要原因之一。

以可口可乐的包装为例，美国可口可乐公司为了迎合中东地区的消费者，在伊斯兰“斋月”期间推出了完全没有品牌标志的新包装。为了号召人们关注世界范围内的民族歧视问题，可口可乐发起了一项“这个斋月，去掉标签（Remove the labels this Ramadan）”活动。在穆斯林通用的“回历”中，每年的第九个月（即2015年的6月18日到7月17日）为“斋月”，这对于信仰伊斯兰教的民族来说是一个重要时刻。之所以选择这样一个时间段，可口可乐公司也是希望在伊斯兰教的“斋月”期间，呼吁人们不要再对中东地区的少数民族抱有特殊的成见。新包装上只留下了一条弧度优美的涡形白色丝带，这既可以象征穆斯林女性的传统头饰，也可以说是对可口可乐弧形瓶线条的经典保留，让人还是能够一眼识别出这是可口可乐（图4-3-6）。再如，瑞典的绝对伏特加城市系列广告以伏特加瓶子的造型为原形，根据世界不同城市的文化特色，如马德里的吉他、新奥尔良的爵士乐、塞维利亚的建筑门窗、雅典的柱式、中国的脸谱和长城等，让伏特加深入到世界各地（图4-3-7、图4-3-8）。德国大众汽车，在本土地区的销售与在欧美地区和中国大陆的销售，就有不同的设计标准。这种变通，就是典型的因文化差异而做出的产品设计上的改变，并且是有着切实意义的变通，对于企业来讲，有着绝对必要的意义。对文化的研究，对周围人的关注，才可能让企业对设计的本土化占据先机。

图4-3-5 可口可乐通用标志

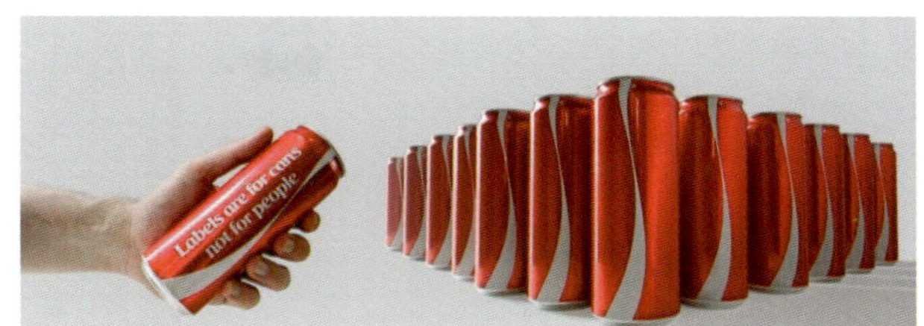

图4-3-6 可口可乐中东地区包装设计

图4-3-7 绝对伏特加城市系列 马德里、新奥尔良、塞维利亚、雅典

图4-3-8 绝对伏特加城市系列 中国

3.4 特定要素

针对有特殊设计要求的用户，有必要针对他们的要求设计开发适合他们的产品。例如，普通ATM机的各种操作大都是按照正常、健康的人的身高和操作习惯进行设计的，如横向插卡、操作台与显示屏幕的高度等，但是乘坐轮椅的残疾人或老年人操作起来就很不方便。经研究发现，竖向刷卡的方式对乘坐轮椅的人来说是更为便利的方式，所以有着竖向刷卡、降低操作界面高度的ATM机更适合乘坐轮椅的老年人或残疾人等特定的客户群体（图4-3-9）。因此只有与用户群体进行接触与交流，才能了解到他们真正在想些什么、需要什么，才能设计出真正符合他们需要的产品（图4-3-10）。

3.5 职业要素

针对不同用户群体的职业形象与职业需求，工业设计有着不同的设计要求。以针对IT公司的产品设计为例，公司的产品、印刷品、办公室内外的装修、制服、终端展物等所采用的材料都是重要的公司品牌识别资源。使用材料是大理石还是木材？是羊毛还是涤纶？是金属还是亚克力？这些都可以形成鲜明的个性与风格。在工业设计中，所采用的材料能产生与材料材质、颜色等本身有关的联想，产品选用不同的材料就会产生不同的联想。如玻璃或金属等无机物通常被认为冷而硬，有着现代、坚实、可靠的感觉；而木材、皮革等天然有机物则会产生温暖、柔软、舒适的感觉。产品采用玻璃、亚克力、金属等材质，线条明朗的几何图形制作装饰就能表达出电子产品稳固、高效、先进、科技的感觉（图4-3-11、图4-3-12）。

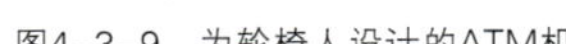

图4-3-9 为轮椅人设计的ATM机

图4-3-10 为不同身高的人设计的直饮水

图4-3-11 IBM办公用电脑包

图4-3-12 IBM休闲用电脑包

第四节 环境对产品形态的影响

不同的地区有其特定的地域环境和气候条件。而这些地理因素又会影响当地的经济状况、人文思想、民族习惯等，并进一步形成某一地区人们特定的思维方式与行为习惯，从而影响产品及产品的设计。分析自然、社会环境，说明环境因素对产品设计的影响，在人—社会—环境之间建立起一种协调发展的机制。

环境因素包括的内容十分广泛，无论在室外还是在室内，人都面临着不同的环境条件，它们直接或间接影响着人们的工作和系统的运行，甚至影响人的生命安全。一般情况下，影响人们的环境因素主要有物理环境、化学环境、心理环境和社会环境。物理环境主要指温度、湿度、照明、噪声、振动、辐射、气压、重力、磁场等。化学环境主要指有毒气体和蒸气、工业粉尘和烟雾以及水质污染等。心理环境主要指被使用机器的美感因素，如产品的形态、色彩、肌理、装饰及功能音乐等；作业空间，如厂房的大小、高矮，机器的布局，道路交通等。社会环境主要指社会状态（政治的、经济的）、就业状况、人际关系等。

4.1 自然环境与设计

4.1.1 地理环境与设计

地理环境是人类生存的物质基础，人类社会的一切现象都与此有着直接或间接的关系。不同的地理环境决定了多种不一样的生存条件，有的地方炎热，有的地方寒冷；有的地方干旱，有的地方多雨；有的地方是一望无际的平原，有的地方是连绵不断的群山；有的地方植被茂盛，有的地方却寸草不生。生活在这些不同地区的人们，他们的生活方式和所使用的器具，必然是不一样的，因而在产品设计中，我们必须考虑到这一点。

例如，为非洲国家所做的货车设计就不能遵循通常的做法。在载物功能之外设置一些诸如车载音响系统、空调系统、车载冰箱等适合比较发达地区的功能；根据其社会特点和经济要素，可能一个简单的、最大化的货物承载量反而更能受到当地使用者的欢迎；根据其气候特点，可以设置一个有效抵挡烈日的遮阳功能；根据其地理条件，可以加强车体的牢固性，并设置防震抗颠簸的功能；根据文化背景，可选择一些诸如明黄、亮橘红、青草绿等鲜艳明亮的颜色涂装；而复杂的音响、空调系统等功能更容易被非洲的货车使用者所接受（图4-4-1、图4-4-2）。

图4-4-1 非洲现有用车状态

图4-4-2 SUZUKI-VOVIE4025小型车

北欧设计风格的形成，也是一个非常典型的例子。在国际设计领域，北欧（瑞典、丹麦、芬兰、挪威）的设计占有重要地位，形成了自己独特的风格。北欧的设计风格与自然地理条件有着很大的关系，北欧所处的斯堪的纳维亚半岛位于地球北端的高纬度地区，气候寒冷，冬季漫长，日照时间短，导致人们的很多活动都要在室内进行，所以他们特别注重温馨的家庭生活氛围。另外，北欧国家的森林覆盖率很高，因而北欧设计师特别注重“为日常生活的美”进行设计，同时大量运用木材等自然材料，形成了“纯粹、洗练、朴实”的设计风格。芬兰著名的现代主义大师，人情化建筑理论的倡导者，阿尔瓦·阿尔托就是一位非常喜欢使用木料的设计师，他认为木料本身具有与人相同的地方——自然性、温情（图4-4-3）。

图4-4-3 家具设计 阿尔瓦·阿尔托 芬兰

4.1.2 产品使用环境与设计

上面讲的地理环境，是一种“大环境”，而这里所说的产品使用环境，则指的是“小环境”，产品的设计必须与产品的使用环境相协调，这是设计中的一个重要原则。这不仅仅是一个视觉统一性的问题，同时也关系到人们对产品的使用，包括人们是否愿意使用这个产品，能否正确使用这个产品。日本著名设计师深泽直人很注重产品和环境之间的关系，他设计的打印机和废纸篓连在了一起。他认为一般在使用打印机的环境中需要有废纸篓，他的设计不刻意追求打印机的造型，而是注意打印机和周围环境的关系，比如和废纸篓的关系。

不同的环境营造了不同的氛围，形成了特定的情境。这个环境当中的产品，必须和环境和谐相处，才能最终实现人—产品—环境三者的协调统一。在设计一个产品时，除了需要知道为谁设计外，还需要认真地了解这个产品会在哪里被使用。我们在进行公共设施设计的时候，常常会非常重视对周边环境的考察，以实现所设计的设施和所在环境之间的统一。

4.2 人文社会环境

环境提供了一系列社会和文化的准则，这些准则是关于一系列“情境设定”的，于是行为和环境共同构成了一个框架，这个框架决定了行为在什么意义和范围内产生，从而也就决定了产品设计的方向。

4.2.1 社会系统构成因素与设计

产品在从设计到使用的整个生命周期中，都要受到政治、经济、文化、科技、宗教等社会因素的影响与制约。这些社会宏观系统的构成因素以强大的社会影响力和渗透力引导着产品设计的方向。社会构成出现任何大的导向和变化，都会给产品设计带来直接或间接的影响。两次世界大战期间的政治、军事较量就使得军用器械与设备获得了极大的重视，人机工程学也因为与战争关系密切而获得了发展。战后特别是冷战结束后，大量的军用科技转为民用服务，原来的军工企业也转向民用生产；计算机与网络技术的发展，使得产品又呈现出新的面貌；民俗、地域环境等因素也对产品构成特性提出了许多特定的要求。产品的设计只有紧扣社会大系统提供的舞台，不断调整自己的设计方向，才能伴随着社会的变化获得更好的发展，如家用轿车的设计就与能源、交通、城市发展、家庭结构、社会经济分配等方面有关。

产品设计中的造型、结构、材质、功能组合、操作控制方式的表现与社会微观因素直接相关。社会微观系统的构成决定着产品设计构成因素的具体情况，产品的构成取决于各个因素的具体条件和要求。社会系统构成因素的差异，对设计产生了多方面的深远影响。例如我国由于推行计划生育，一般来说一个家庭只有一个孩子，三口之家的家庭和西方有着很大的差异，西方人除非是不要孩子的两人家庭，如果要孩子的话，往往会不止一个。这种差异导致中国家庭使用的电器产品和国外家庭相比，在很多方面有着自己的特点，如洗衣机和冰箱的容量、汽车的空间大小等都需要结合中国家庭的特点进行设计，这是一个很值得深入研究的问题。

产品的设计是基于上述社会宏观和微观系统的构成而展开的。社会的宏观构成确定产品设计的主思路，而社会微观构成形成产品构成的具体因素，两者在不同的层面上影响和决定着产品设计的方向和形式。

4.2.2 文化与设计

所谓文化是指某一社会或生活方式的整体。人们共有的观念和习俗构成了文化，不同的文化造成了各个文化区域内人们的行为、心理等方面的差异。器物、技术、习惯、思想和价值观等都深深地烙上了文化的印记。

一切文化的精神层面、制度层面、行为层面和器物层面最终都会在人的某种生活方式中得到体现，即在具体的人的层面得到体现。产品是社会人文发展的产物，设计在为人创造新的生活方式的同时，实际上就是在创造一种新的文化。比如前面提到的北欧设计风格，其实这种风格的形成，除了自然、地理因素之外，其文化中的精神，制度和行为层面的作用也是不容低估的，民主、平等、以人为本的思想对北欧的设计产生了深远的影响。

人们的某些想法、动机或观念可以产生特定的行为，久而久之，行为不断重复，就会形成一种习惯，长期的某种习惯，就会成为一种传统，传统不断的积累，就会形成特定的文化，而文化反过来影响人的观念和行为。中西方的饮食方式在漫长的历史演进过程中，产生了很大的差异，形成了各自的饮食文化，这种差异，对现代厨房产品的设计产生了很大影响。中国人在饮食上喜欢追求美味，而西方人更注重营养，所以中国人的烹调方式很多，有煎、炒、炸等，往往产生很多油烟，而西方人的烹调相对简单得多，往往凉拌、烘烤的比较多，产生的油烟比较少，所以对油烟机来说，就有了所谓的中式和西式之分。中国家庭用的油烟机需要有更大的吸力，当然现在也有很多家庭采用比较美观的欧式油烟机，但是它们的功率往往已经被加大，从而更适合中国人的使用环境。

设计已经成为一种社会文化现象，而文化则成为设计的重要因素之一。人的价值观念、思维方式、审美情趣、历史积淀、民族性格、宗教情绪等都从不同的侧面对设计产生了重要影响。

对于设计师来说，文化是一个很模糊但又对设计十分重要的概念，特别是当设计师面对一个全球化市场的时候，文化和跨文化的问题就显得尤为重要。当然，在设计中，也不应该把文化当作是提高身价的装饰，不能只满足于从传统中套用文化符号，而是要用更高、更宽广的视野，理解前人的文化创造，真正从文化现象中感悟当时的创造者对世界、对生活和对自己的理解，从而发现前人文化行为中的历史必然性。前人的具体创造有其历史的局限性，但从他们看待事物的角度、方式中透射的智慧却永远值得借鉴。

4.2.3 传统文化与现代设计

中华文化历史悠久、博大精深，是中国的精神载体，又是中国国粹的体现。中国传统文化元素在漫长的历史中不断地发展演变，有着独特的审美特征和传统文化内涵，发掘和提炼出中国传统文化元素，使之在现代设计中发挥作用，具有非常重要的意义。

由于时代的不断进步，现代人对传统元素概念的淡化，从而导致传统元素在现代设计中的内涵不断减弱。如果不对自己的传统文化有更加深刻的研究和理解，那么我们的设计将离民族性越来越远，中国传统的精华将消失殆尽。因此我们应该了解自己的民族文化，把中华传统文化元素很好地运用到现代设计中来，以彰显中华文化的精神与内涵。

在设计中，我们应怎样增加对传统文化元素的运用，使其既能体现民族化又具有现代感呢？首先，要对传统文化进行元素的提取，进行重新再设计，并在构思上、造型上、艺术上进行突破，以反映现代人的思想情感、使用要求和审美意识，才能使中国传统元素在现代产品设计中运用得更好。其次，从中国传统文化中的创新意识和创新思想、创新方法和创新内容以及创新特点和现代价值进行分析，对中国传统文化中的创新元素作全面阐释。然后，结合现代人们的生活方式、生活习惯将传统元素真正地与现代生活融合到一起，使其既体现民族的文化又不失现代的气息。

我们应该倡导民族文化和先进文化，对于外来的设计观念（文化）要“取其精华、去其糟粕”使中国的传统文化艺术在现代设计中得以延伸发展，打造新的民族形式，在理解的基础上取其“形”、延其“意”、传其“神”，用中国传统文化的精粹，以现代化、国际化的语言来表达，把吉祥符号的精神元素融入现代设计之中，使民族的文化精神和世界的设计语言共同融汇成现代设计艺术的主流，必定会使现代设计更具文化性与社会性。

图4-4-4的设计主题为“闲”，意在通过一种纯粹的事物、精神来表达一种乐观的、积极的、休闲的生活态度，抛开所谓的规矩去追求、感悟和体验最纯粹、最天然的美。整体设计表现出了一种轻松休闲的中式简洁风格，从中国文化的感悟出发，简约的意境蕴含着一个“一砂一极乐，一叶一如来”的广阔境界。

设茶几分为上下两部分，上面的一部分用来装沙，可以更换新鲜干净的沙子，打破了以往桌面都是平的硬的传统形式，使桌面一软一硬形成对比，体现出产品中的动静结合，使得产品很有灵性。该设计的创意点，杯过桌面留下痕迹，令人回味；随意书画，闲暇时光。

图4-4-4　“闲”家具产品设计　何锦

第五节　产品设计案例分析

5.1 交通工具产品案例分析——“未来凯迪拉克”

以“未来凯迪拉克”设计作为案例进行分析。案例提供：同济大学工业设计2009届，陈寅锋。

5.1.1 现有车形形态特征分析

通过自身品牌不同车形的线条细节，分析造型与受用人群性格特征行为喜好的不同，同图分析比例与线条视觉导向的再现（图4-5-1至图4-5-8）。

图4-5-1　车身比例线性再现1

图4-5-2　车身比例线性再现2

图4-5-3　现有车形造型构成特点（特有的进气栅格形态语义）

图4-5-4　现有车形造型构成特点（特有的前后灯形态语义）

图4-5-5 现有车形造型构成特点（特有的前部轮廓线条形态语义）

图4-5-6 现有车形造型构成特点（特有的前部车灯和进气栅格轮廓线条形态语义）

图4-5-7 现有车形造型构成特点（特有的后部车灯和尾部线条形态语义）

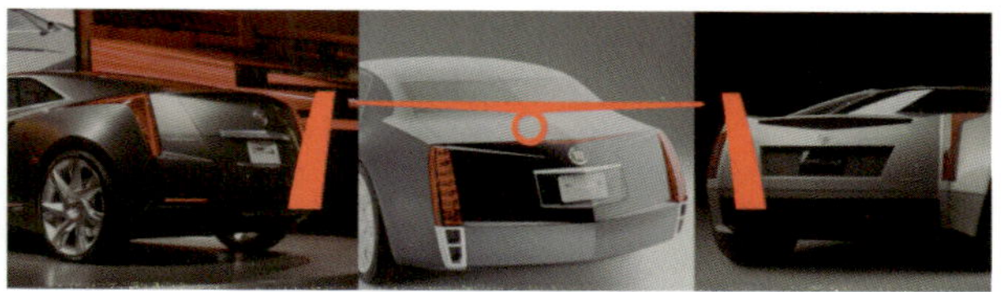

图4-5-8 现有车形造型构成特点（特有的后部车灯和高位刹车灯轮廓线条形态语义）

5.1.2 确定设计主题

产品设计除造型形态外，还应考虑设计主题，即设计的起因是什么，是以解决问题为出发点，还是以概念意向为创意原点。功能和机构的设计对构成产品形态有着决定性的作用。

根据该课题的主题设计方向定位。设计者从城市环境角度出发，拟设计以减少排放为主要目的的车形（图4-5-9、图4-5-10）。

城市路面适合超小型车形使用（图4-5-11）。

郊外环境适合正常体形的汽车使用（图4-5-12）。

图4-5-9 环境因素

图4-5-10 城市交通拥堵问题

图4-5-11 城市交通

图4-5-12 郊外环境

5.1.3 绘制造型草图

根据需要解决的排放问题，设计者开始绘制造型草图。

设计者为满足新车形能够一物多用，分模块设计了“1+1=1”的方案，车形分离成能满足城市拥挤路面的超小型以及SUV尺寸的郊外用车形。根据需要满足功能契合的形态，运用形态契合的构成方法完成造型与功能的统一设计（图4-5-13至图4-5-18）。

方案一：

图4-5-13　设计草图方案一

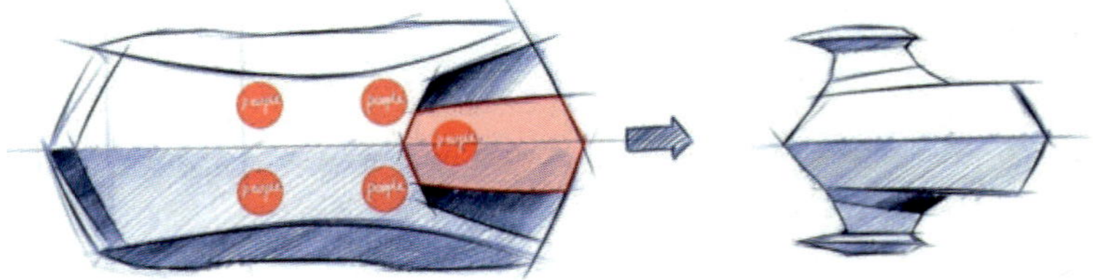

图4-5-14　方案一契合形态造型分离设计

方案二：

图4-5-15　设计草图方案二

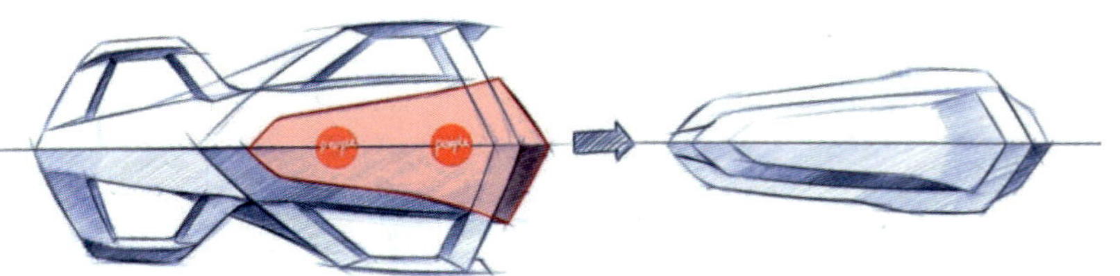

图4-5-16　方案二契合形态造型分离设计

方案三：

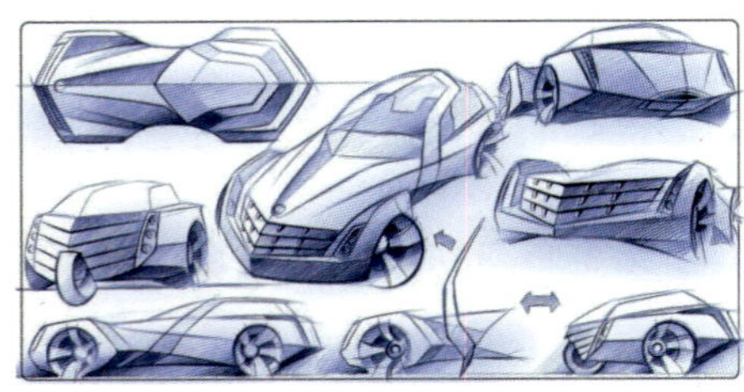

图4-5-17　设计草图方案三

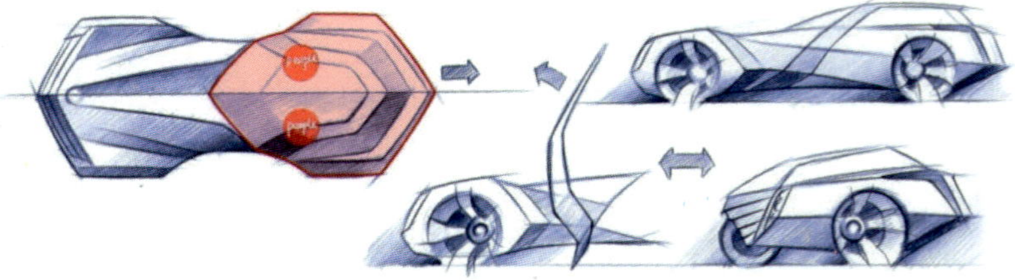

图4-5-18　方案三契合形态造型分离设计

5.1.4 细节——车形语义延续设计

通过前期对原有车形的形态语义总结，将其原有语义形态采用形态构成的打散重构，合理运用到目前形态的构成中（图4-5-19至图4-5-32）。

图4-5-19　后尾灯形态语义延续设计1

图4-5-20　后尾灯形态语义延续设计2

图4-5-21　后尾灯形态语义延续设计3

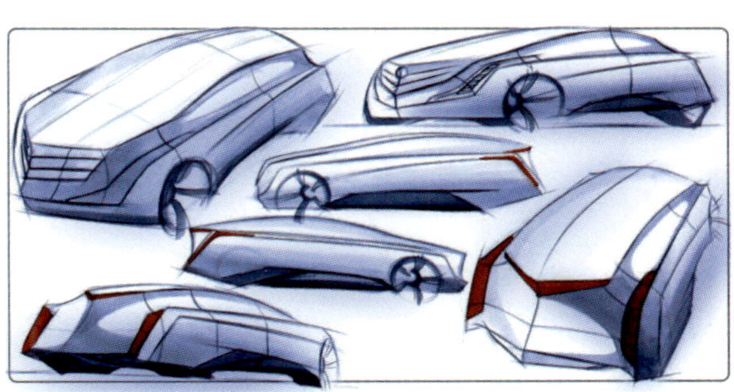
图4-5-22　后尾灯形态语义延续设计4

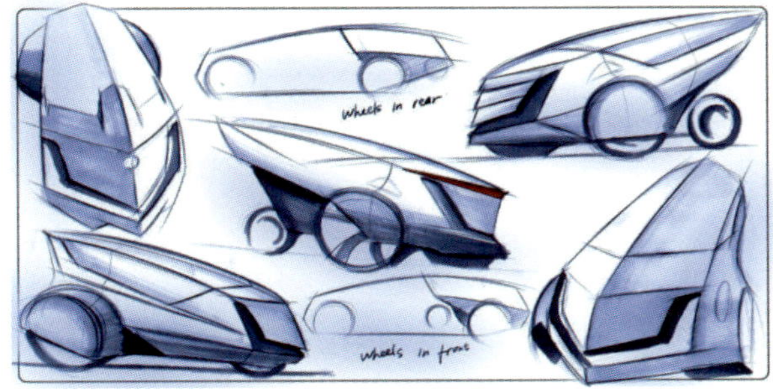

图4-5-23　超小型车形态语义延续设计

图4-5-24　前部造型形态语义延续设计1

图4-5-25　前部造型形态语义延续设计2

图4-5-26　前部造型及整体形态语义延续设计1

图4-5-27　前部造型及整体形态语义延续设计2

图4-5-28　整体形态语义延续设计

图4-5-29　整体形态语义及细节设计

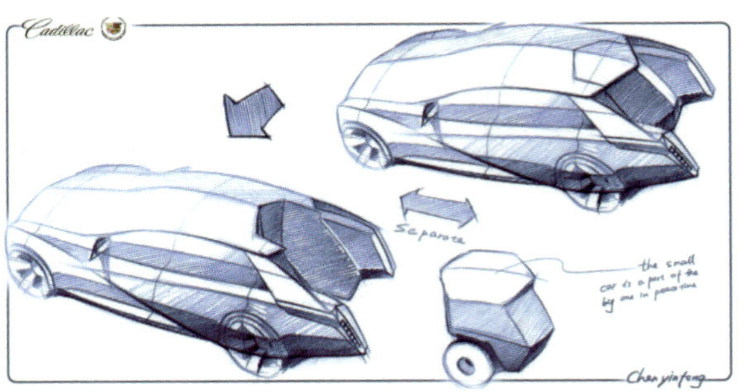

图4-5-30　分离结构细节设计

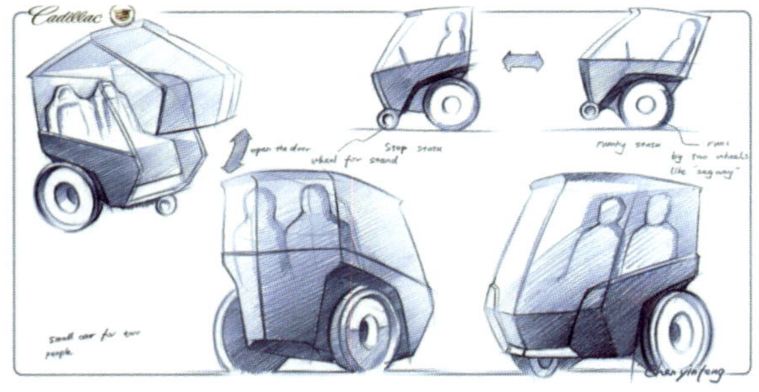

图4-5-31　超小型车形分离造型结构细节设计

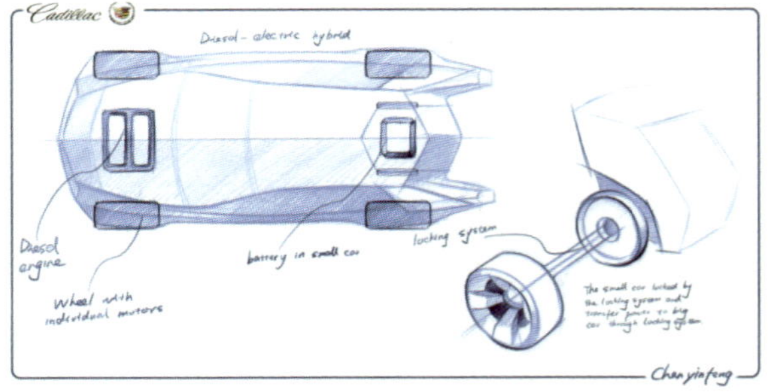

图4-5-32　设计结构细节

5.1.5 比例定形

比例定形（模型制作前的比例定形）三视图造型细节确定（图4-5-33）。

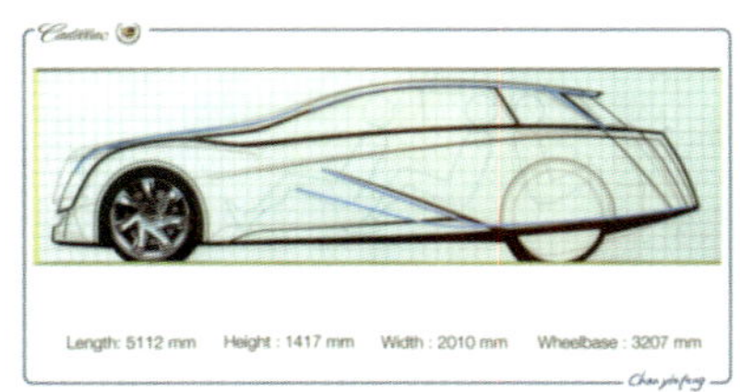

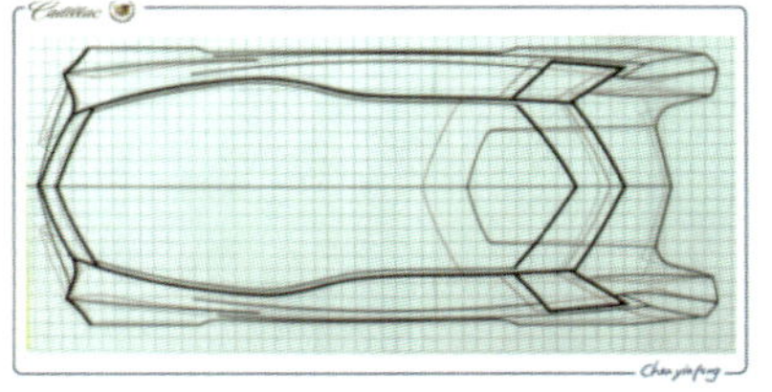

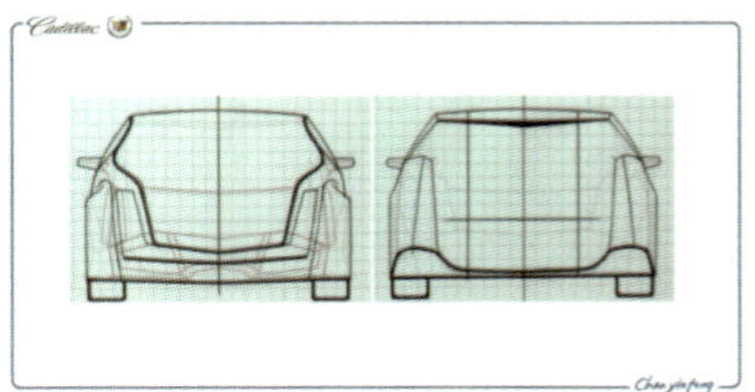

图4-5-33　车形比例三视图

5.1.6 油泥模型制作

为了确定汽车造型实际视觉效果是否达到了预期的设计效果，必须制作实物模型，然后根据模型调整至设计者满意的形态。这里展示的为1：5造型模型（图4-5-34、图4-5-35）。

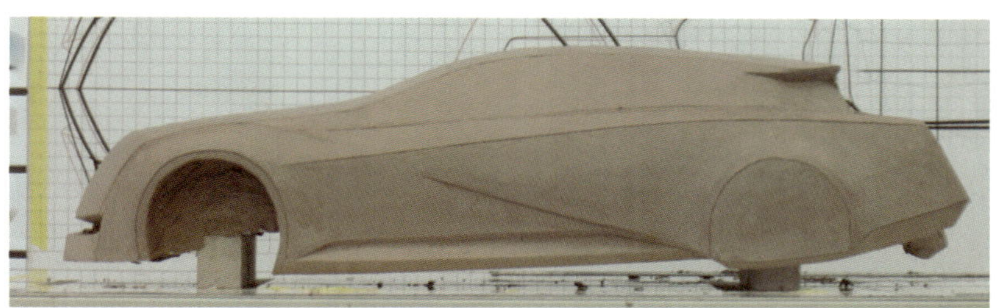

图4-5-34 油泥模型侧面效果

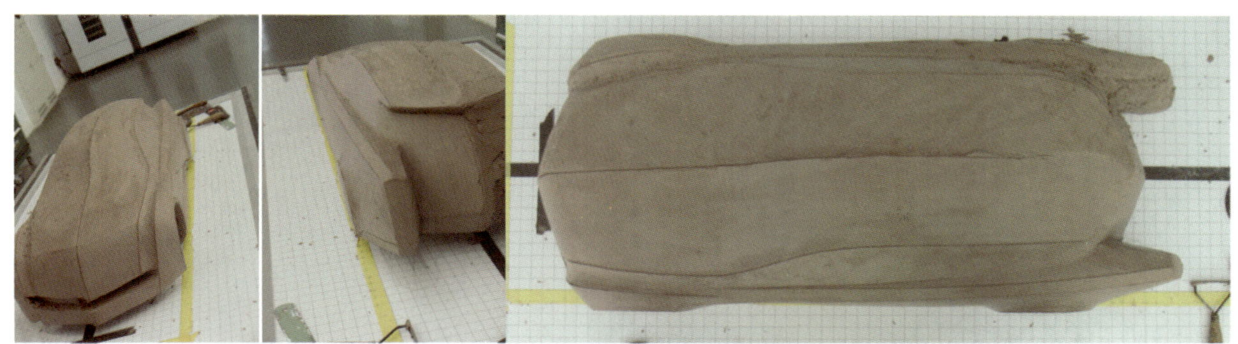

图4-5-35 油泥模型制作过程

5.1.7 设计效果图展示

车形的设计效果如图4-5-36、图4-5-37所示。

图4-5-36 车形效果图展示1

图4-5-37 车形效果图展示2

5.2 文具产品案例分析——马克笔及笔筒设计（郭冉冉）

通过分析现有马克笔的设计，总结出如何使马克笔更加容易辨识颜色，更加便于携带的问题；结合对马克笔市场的大量调研，发现在使用马克笔时怎样才能更加顺畅、流利、提高工作效率的问题。

5.2.1 设计方向与需求

找出马克笔使用过程中有哪些不方便之处，除了普通的使用方式外，能否设计出新的使用方式？如利用人的触觉、视觉、听觉等。对使用者使用环境进行分析，从中找出不利于工作的因素，并尝试在设计中解决。设计马克笔及其配套产品，让工作学习更加快捷便利。

外观造型要新颖，如借鉴其他物体功能形态等，使结构巧妙，富有创意。

5.2.2 问题的发现

（1）马克笔存在的问题

① 颜色繁多，造成了选色的不便，也造成了马克笔数量的增加及携带的不便。

② 笔帽不容易拔取，费时费力，造成使用者工作效率降低。

③ 气味难闻，影响使用者的心情。

④ 容易堆放凌乱，造成桌面的不整洁。

⑤ 全圆柱形马克笔容易滚落。

⑥ 双头马克笔经常拿错笔头，匆忙中容易用错粗细笔头，影响作图效率。

⑦ 笔身上的图标不容易识别且易磨损脱落。

（2）马克笔笔筒存在的问题

① 笔筒存放马克笔的数量有限，且不便于携带。

② 平放的笔袋或笔筒不容易看清马克笔笔头的颜色。

③ 笔筒里的马克笔不容易取出，也不容易放置。

④ 从笔筒里拿出小物件（如橡皮、卷笔刀等）非常不便。

⑤ 笔筒不能很好地归类马克笔色系。

5.2.3 马克笔及笔筒改良设计概念设想

（1）功能

将不能轻松辨别的笔头图标转换为可触摸感知的笔身形态。该灵感来源于筷子的形态，筷子一头细圆，一头粗方，设想运用在马克笔的外形上，方便通过触摸快速识别双头马克笔的笔头形状（图4-5-38）。

（2）笔筒的外形设计

笔筒的外形设计灵感来源于蜗牛，结合管道的结构，这样就可以方便从底部拿取小物件，而且形态也充满了趣味，将笔筒倾斜，还可以更加方便地看清马克笔的颜色（图4-5-39）

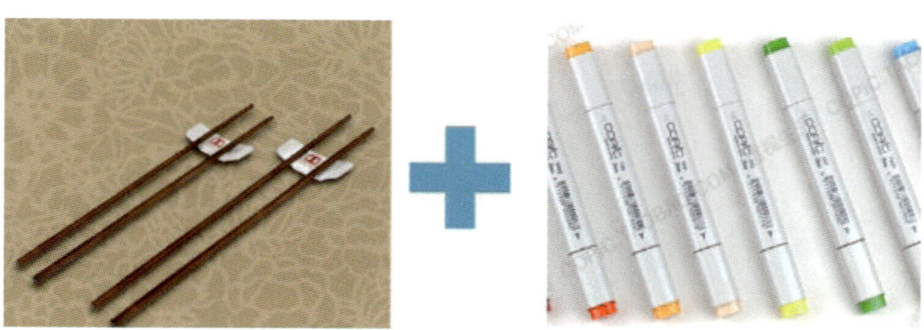

图4-5-38 马克笔改良设计概念来源

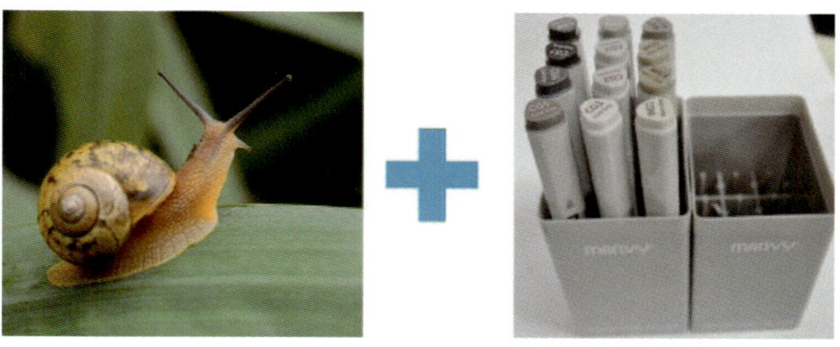

图4-5-39 马克笔笔筒改良设计概念来源

5.2.4 设计过程草图

马克笔设计：使用者在使用双头马克笔时，常常拿反笔头。此马克笔的设计取源于筷子，笔身形态由方向圆过渡，即一头方一头圆，这样通过触觉即可感知方头与圆头笔芯（图4-5-40）。

笔筒设计：主要解决平时拿取小物件（如橡皮等）不方便这一问题。结构利用管道形式，结合蜗牛的外观形态，可以很好地解决拿取问题，同时倾斜的笔筒可以更清楚地看清马克笔的颜色，而且造型生动有趣。马克笔笔筒的五个设计方案如图4-5-41至图4-5-45所示。

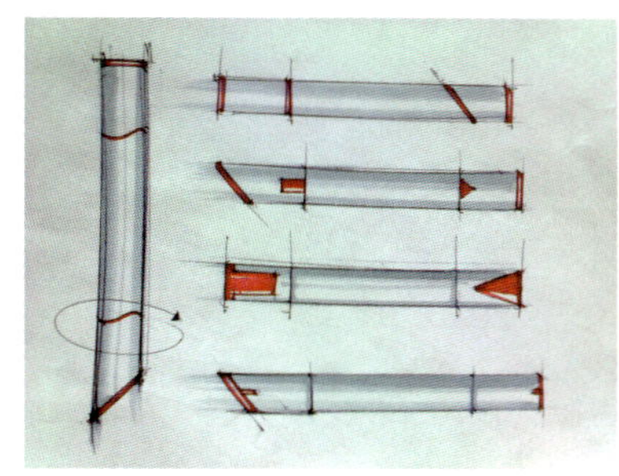

图4-5-40 马克笔设计方案

图4-5-41 马克笔笔筒设计方案一

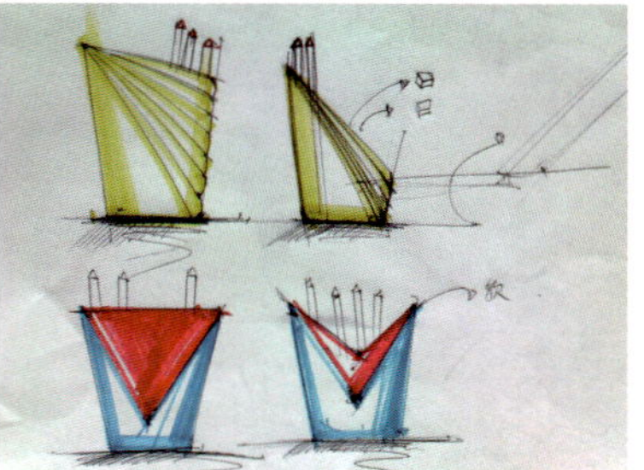

图4-5-42 马克笔笔筒设计方案二

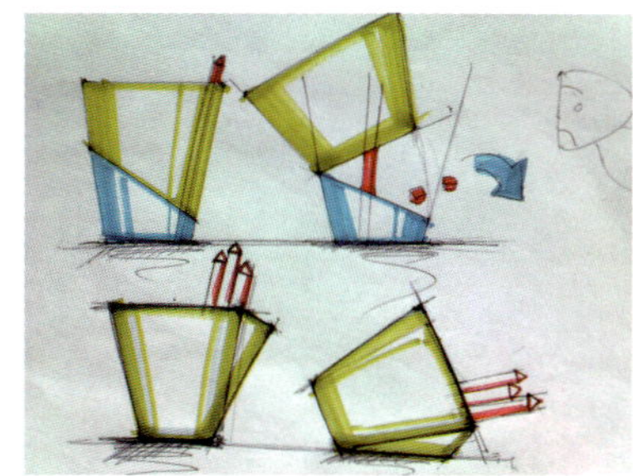

图4-5-43 马克笔笔筒设计方案三

图4-5-44 马克笔笔筒设计方案四

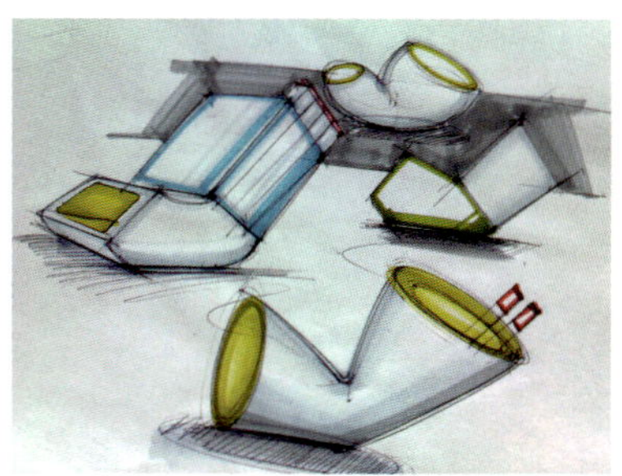

图4-5-45 马克笔笔筒设计方案五

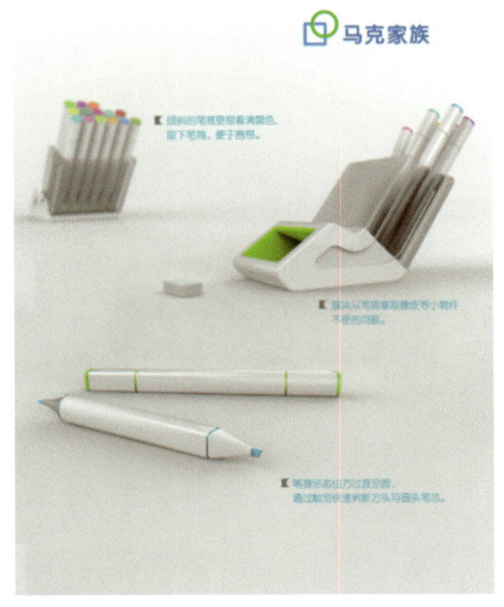

图4-5-46　方头和圆头的马克笔以及可以翻倒倾斜的马克笔笔筒设计方案

5.2.5 最终设计效果

马克笔及其笔筒的最终设计效果如图4-5-46 所示。

5.3 家电产品案例分析——多媒体显示器设计

5.3.1 设计来源

便携式产品的出现，在一定程度上解决了携带空间的问题，但如果是功能强大的多媒体显示器仍会有一定的携带难度。因此若设计一款可弯折屏幕的电子产品，便可以解决一定的空间储存问题。

5.3.2 对不同种类电子产品的造型形态调查分析

（1）B&O产品

B&O产品以极简的造型为主，硬朗的线条，几何化的造型理念，营造出一种简约时尚的美。产品的构成感很强，在对几何形态进行加工处理的同时，使整个产品很具整体感，达到一种平衡、和谐。

（2）苹果产品

苹果的电子产品给我们留下的印象是“精”和“简”。在苹果文化的笼罩下，我们都渐渐接受和适应了苹果的主张，以人为本，强调人性化的设计。精简的造型，不只是苹果效应，更多的是因为我们的审美和需求上升到了另一个层次。由此我们的设计更要注重造型的推敲、材质的应用、人机的合理化应用等。

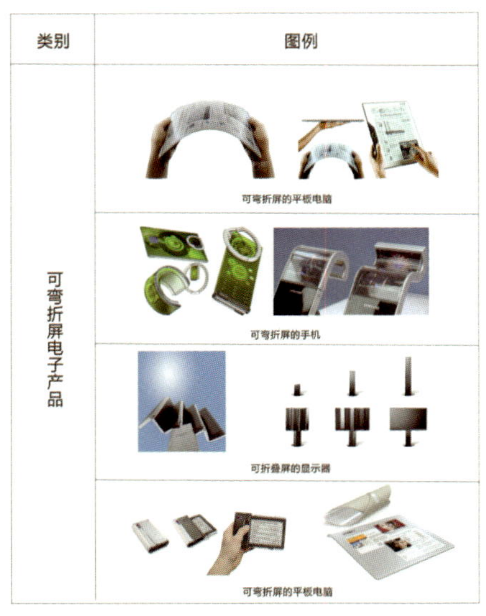

图4-5-47　可弯曲和折叠的电子产品

5.3.3 色彩与材质分析

（1）色彩

不同的人群，不同的年龄对色彩的感觉是不一样的，比如孩子比较倾向于鲜艳的颜色，而老年人却比较喜欢深沉的颜色等。

高端的电子设备在色彩的应用上都是以黑、白、灰无色系和冷色系为主，其他产品根据不同的使用人群和使用环境而不同。色彩上的稳重、质朴，能够给人一种神秘感和科技感，使产品更具品质感，沉稳而不浮躁。

（2）材质

电子产品的材质一般是以塑料、金属等为主。金属硬朗光泽，强度比较高；塑料可塑性较强，成本较低。金属材质可以体现产品的质感和科技感，还可以使产品更硬朗结实，更能体现电子产品的品质感。

可弯折屏电子产品在技术上的创新能带给人们一种新鲜感和时尚感，新颖的使用方式，大小的随意变化，在满足使用功能的同时，还可以节省产品的存储空间（图4-5-47）。

（3）技术问题

现代计算机的特点是体积更小、价格更低、可靠性更高、计算速度更快。计算机的体积越来越小，发展到今天的一体机、笔记本、平板电脑等，越来越方便我们携带，这是发展的必然趋势，所以可弯曲折叠屏幕的电子产品不久便能实现。

5.3.4 设计概念

祖先们用竹子编成书籍记载文字，而后又用纸取代了竹子。如今功能强大的电子产品取代了单纯记录文字的时代（图4-5-48）。

图4-5-48　节省存储空间产品案例图

（1）设计方案草图

该设计主要是从节省空间功能和造型的角度进行了多方面的分析与调查。

① 将节省空间的功能放到设计中，使产品在既能满足使用和实用功能的同时，又能使造型完美简洁，能够融入我们前面提出的概念。

② 在造型上，要着重考虑功能效用、工艺技术和形态，造型也必须服从和服务于这些基本要素，还要从折叠结构和便于存储空间的结构产品中吸取经验。

③ 在色彩上，要突出产品的主要特色，时尚、科技、稳重。

④ 在材质上，采用金属和塑料的融合，尽可能地突破现有产品的束缚，给人一种全新的设计理念。

⑤ 设计中要考虑人与电子产品之间的关系，遵循人机工程学，在满足节省空间功能的同时，也要在造型上给人视觉享受。

⑥ 要结合现有的产品进行分析，突破现在的约束，使整个产品更具个性化。

具体的设计方案草图如图4-5-49所示。

（2）最终方案效果图

最终方案效果图如图4-5-50所示。

（3）设计说明

① 此产品采用最新的弯折屏技术，使产品拥有使用功能的同时又可以节省存储空间。

② 这款多媒体显示器运用了卷轴的结构设计，可以将其收拢，节省空间的同时也是一种新颖的使用方式，使产品更具科技感和时尚感。

③ 造型简洁，符合大多数家庭家居环境及外出携带的需求（图4-5-51）。

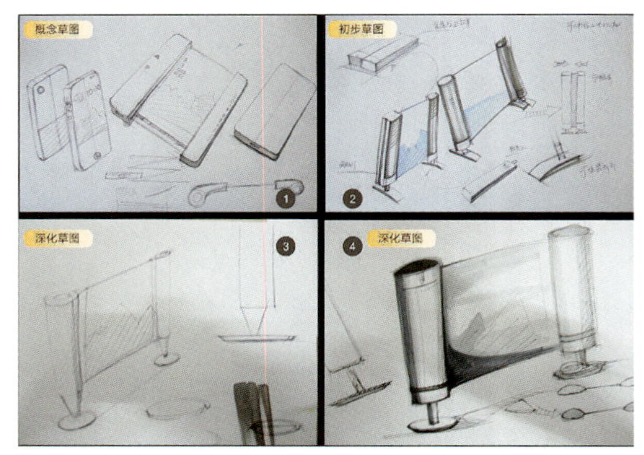

图4-5-49 方案草图

图4-5-50 最终方案效果图

图4-5-51 设计细节说明图

（4）实物模型展示

采用铝和塑料的材质，有简单的氧化效果。将几何形态进行抽象加工组合，让整个产品更简洁、时尚，具有科技感。产品的两端对称是为了满足屏幕卷轴收纳功能的同时，也能使产品视觉更稳定和谐；两端喇叭孔的设计以中间向两端呈发射状变化，使设计看起来不那么呆板而更具有节奏感和韵律感；背面的散热孔使用矩形切割形状，简化处理与前面较复杂的发射状喇叭孔，形成繁简对比；底座是一个倒锥的形状，使整个产品具有轻巧感（图4-5-52）。

图4-5-52 实物模型

思考与练习

1. 从自然界中寻找功能主导形态的例子，不限物种，将其中功能主导的原理细分出来加以分析。

2. 找出现有各领域中已有产品的功能特点，用自己的理解分析其形态造型的由来。

3. 从自然界中发现各物种为满足生存需要而特有的机能结构，如蜘蛛网结构、蜂巢结构等，从中获得这些结构的造型原理，并思考人造产品中有哪些产品的结构可以从自然界中追根溯源。

4. 拆卸一件产品，将其结构部分一一分解开，分析每个结构对该产品的造型有何必然关系（如无关系也要说明）。

5. 将以上拆卸的产品结构进行分析，罗列出结构与该产品造型形态之间的必然关系，对无必然关系的部分进行造型形态的各种替换尝试（设计草图），并写出替换心得，总结替换后的实际设计效果。

6. 仿生设计都有哪些领域的设计产品？思考仿生对生活带来的意义，不局限于身边可见领域，需充分发掘自己未知领域的运用，如航空、航海等。

7. 查看大量设计案例，并按地域风格加以分类，总结每一类风格产品设计的地域形态。

8. 收集生活中仿生设计的来源产品，包括平面图形、半立体、立体的形态等，加以分析。

9. 寻找一件电子产品，分析其适用的人群或地域特点，并对其人群或地域特点的造型、材料、色彩加以分析，总结该产品人群定位对产品形态元素的影响。

第五章　产品形态设计方法

第一节　形态分析法

形态分析法（Morphological Analysis）是美国加利福尼亚理工大学宇宙学教授弗里茨·齐基博士（Dr. Fritz Zwicky）创造的分析方法。该方法要探求一切的可能性，并将它们组合起来以图解来表示。这些独立的构成要素可称为独立变项，是形态图表的轴心，有多少个独立变项，就可以构成多少维的图表，通过以各个轴心作为变项而构成矩阵，从不同角度对这一组合进行综合运用，来探讨一切可能性。

1.1 形态分析的原理

形态分析法是一种利用系统观念来网罗组合设想的创造发明方法。其思路是先把技术课题分解成为相互独立的基本要素，找出每个要素的可能方案（形态），然后加以组合得到各种解决技术课题的总构想方案。总构想方案的数量就是各要素方案的组合数。

此法的一个突出特点是，所得的总构想方案具有全解系的性质，即只要把课题的全部要素及各要素的所有可能形态都列出来，那么经组合后的方案将是包罗万象的。另一特点是，具有形式化性质，它并非主要取决于发明者的直觉和想象，而是主要依赖与发明者认真、细致、严密的分析并精通与发明有关的专门知识。

应该说明的是，当问题比较复杂，要素及形态较多时，组合的数目便会激增，以致评价筛选的工作量很大。因此，要求使用者要抓住主要矛盾选取基本要素，并具有敏锐准确的评价能力。

形态分析法可广泛应用于新技术和新产品的开发以及技术预测等许多领域，实施时既可以小组运用，也适于个人使用。

形态分析法广泛用于自然科学、社会科学以及技术预测、方案决策等领域，是最为常用和最为有效的创新方法。在解决发明创造问题时，形态分析法可使设计人员的工作合理化、构思多样化，帮助人们从熟悉的解答要素中发现新的组合，帮助人们避免任何先入为主的习惯思维，也帮助人们克服单凭头脑思考，挂一漏万的不足，从而推动创造活动的开展。形态分析法采用图解方式，因此可使各种方案比较直观地显示出来，有利于产生大量创新程度较高的设想。

1.2 形态分析法的程序

形态分析法的程序具体如下。

① 以通俗易懂的形式正确记述需要解决的设计问题。

② 筛选有助于解决问题的独立构成要素（独立变项），并下定义。

③ 绘制形态图，形成包含解决给定问题的多维矩阵。

④ 紧扣设计目标，分析形态箱中可解决问题的各种决策。

⑤ 选择解决问题的最佳决策。

例如，对儿童玩具设计的分析。首先，必须考虑设计的玩具应有利于儿童智力的培养、有助身体机能的发育和适应儿童的年龄这三个要素。此外，还应考虑该玩具是供儿童个人玩耍，还是供儿童集体娱乐，是在家庭还是在公园等公共场所玩耍。因此，就产生了年龄、个人的、集体的、公共的以及季节等设计要素。除此之外，还应考虑与年龄相符的动态与静态的玩耍方式以及室内与室外等要素。在列出这些要素后，绘制形态图，再认真考虑以上各组要素的组合，由此可产生好的设计构想。

再如，发现材料潜在的造型可能性，将其特点扩展，从而创造出极具个性特色的产品形态（图5-1-1）。将眼前“熟悉”的材料赋予新的解释，就可以产生造型世界的新作品（表5-1-1）。根据时代的功能，加以造型化，也就是说对材料的造型可能性的认识是发现材料新功能的产物。材料与功能相互作用，相互融合，产生新的造型，通过程式化固定下来并加以发展，从而进一步丰富了造型世界的内容和日常的造型可能性。在我们的日常生活中，有很多例子都是基于对材料认识研究所发现的新功能，创造出新的造型形态（表5-1-2）。

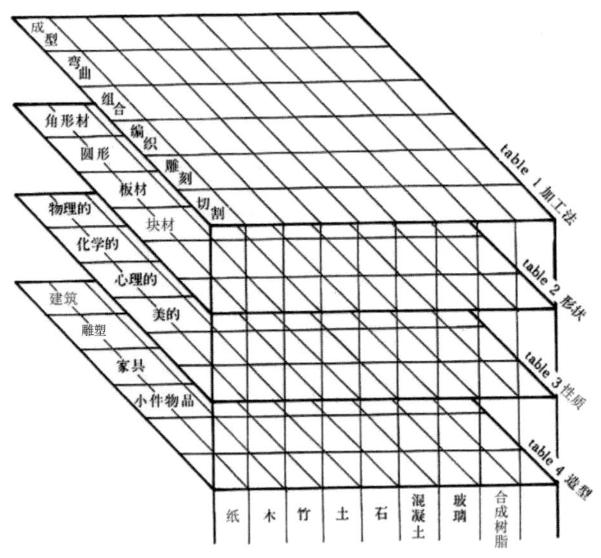

图5-1-1　材料比较特性图

注：① 层面、项目、材料、网格，根据需要进行增加。

② 网格根据每个层面来选，竖的方向进行组合是具体的物体造型，两个以上重叠的组合，就可扩大造型的手段。

表5-1-1　材料比较特性分解一

材料	小件物品	家具	雕塑	建筑
纸	 ● 窗花•巢 汪辰琪	 ● 十八纸家居环保风琴式纸家具	 ● 鸟村 韩梦	 ● 鸟巢——垂直湿地 阙正国、王子懿
木	 ● 各得其“所” 陈文芳	 ● 造作家居 瓦檐边桌	——	 ● 巢穴衍生住宅环境 牟婷（主创）、周延
竹	——	 ● 十竹九造 三角全竹衣架	——	——
土	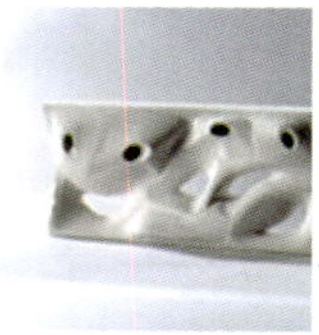 ● Bird Wall 沈辰熠、毛亦青	——	 ● 禅趣 徐捷	 ● 大•小新巢 郑雷均

表5-1-2　材料比较特性分解二

形状	纸	木	合成树脂	玻璃
角形材	—	—	—	 ● 美国speak-er对话框造型音箱
板材	 ● 板形纸桌设计	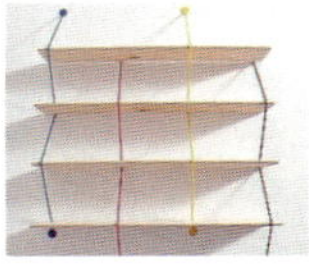 ● 板形置物架设计	 ● 板形躺椅设计	—
块材	 ● 俄罗斯方块花盘 StephanieChoplin　法国	—	—	 ● 广州市行盛安全玻璃有限公司　玻璃桌
圆形	—	 ● DIY木桩设计	 ● 圆形桌子设计	 ● 东芝　z8500洗衣机

第二节　产品象限分析图法

产品象限分析图法实际上有各种各样的叫法，如“产品属性分析图”“形象分析图”“商品市场分析图”等，但名称并非主要，一般叫“市场分析图”。

感觉的世界，原本就是个人的东西，向别人传达，并得到认同是非常不容易的，但需要做这样的表达的机会非常多。这时可以制作一个分析表，把自己的感觉视觉化，得到一个客观的东西，然后向人传达。这是在产品调查和开发阶段用得很多的方法。

2.1 产品象限分析图的制作

如何用自己的设计感觉去分析作为课题的商品，并根据商品所具有的性格特征在图表上标出它的位置？方法如下。

① 通过网络、样本等方法搜集资料，剪切或打印出样本上的图片（尽量多一些，不一定要剪得很整齐）。

② 在一张大纸上根据以下要求设定一个分析表。

A. 分析轴一般为两轴，两轴以上一般很少用（图5-2-1）。

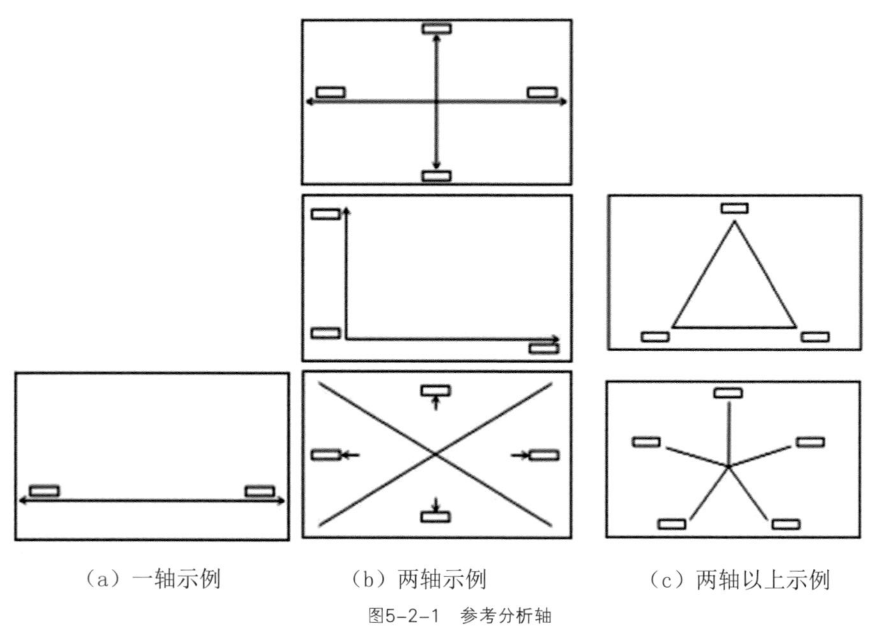

图5-2-1　参考分析轴

B.每个人按照自己的考虑写出关键词（表5-2-1），在轴上表示出来。

③ 确定强弱，画上箭头。

④ 在分析表上按照自己的感觉判断，将剪切下来的图片放上去。

⑤ 审视全体，调整细部，确定后再正式贴上去。

根据商品的内容，自己考虑选用合适的关键词用词，不要拘泥于反义词。

表5-2-1　参考关键词

个性的/平庸的	新的/旧的	现代/传统	普遍/地方
时髦的/实用的	朴素/华丽	彩色/黑白	动的/静的
公共的/个人的	东方/西方	可爱/可怕	特定/一般
温暖/冰冷	有机/无机	高档的/大众的	老人/青年
重的/轻的	国际的/民族的	都会的/地方的	游玩/严肃
真诚/矫饰	男性/女性	室内/室外	人机的/机械的
独特的/类似的		长期/短期	
进步的/保守的		能动/被动	
专业的/业余的		高价/低价	

2.2 案例

案例1：象限分析图法为汽车产品做造型定位分析（图5-2-2）。

案例2：SUV市场尺寸与价位图（图5-2-3）。

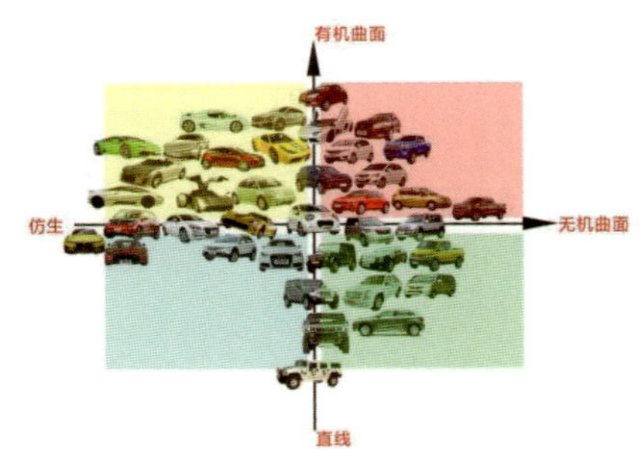

图5-2-2　象限分析图　向武凯、邢凯靓

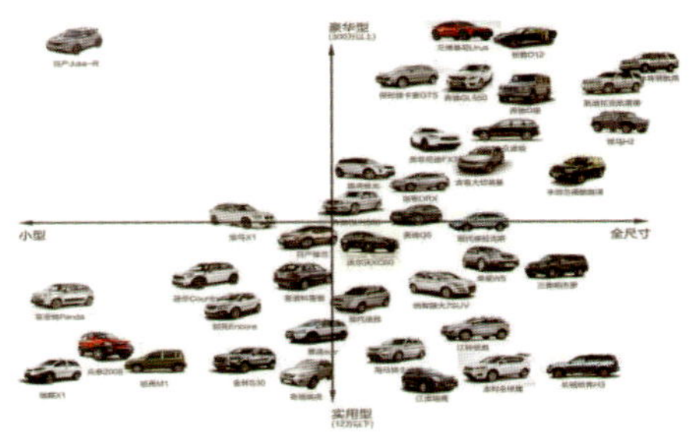

图5-2-3　象限分析图　曹辰刚

案例3：电熨斗市场人群定位与价位图（图5-2-4）。

案例4：象限分析图法分析卫浴空间和产品（图5-2-5）。

图5-2-4　象限分析图　杜君

图5-2-5　象限分析图　陈昱良

案例5：象限分析图法分析建筑风格（图5-2-6）。

案例6：象限分析图法分析电扇造型风格（图5-2-7）。

图5-2-6　象限分析图　张怡

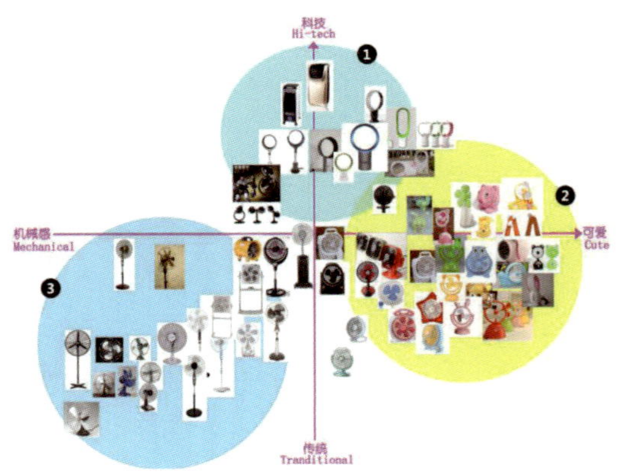

图5-2-7　象限分析图　张怡

案例7：象限分析图法为汽车产品做色彩定位分析（图5-2-8）。

案例8：象限分析图法为水杯产品做色彩定位分析（图5-2-9）。

图5-2-8　象限分析图　俞晗　邓晨曲

图5-2-9　象限分析图　赵阿强、徐继锋、张银、易少川、袁万乐

案例9：象限分析图法为相机产品做外观造型分析（图5-2-10）。

针对相机产品外观造型象限分析的表述（图5-2-11）。

图5-2-10　象限分析图（学生习作）

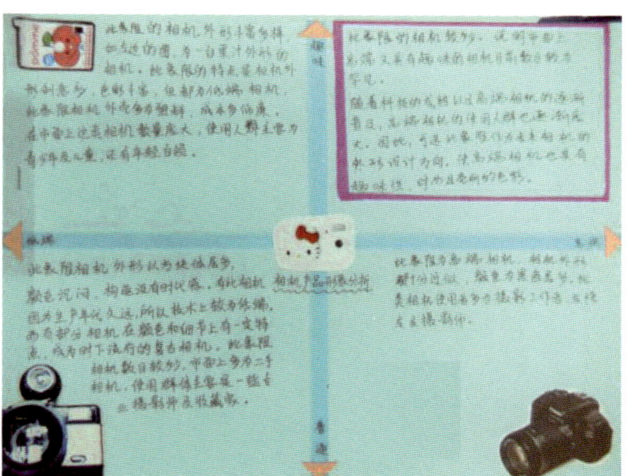

图5-2-11　相机产品形象分析（学生习作）

第三节　构造法

一件产品的构造是指由各个组件所构成的整体形状。

工程设计人员通常负责产品的功能和性能的表现，而工业设计师专注于产品的操作模式和外形。所以决定一件产品的构造是两者的共同责任，需要互相配合和协调。

产品构造需要寻找工程上的手法和使用者需求之间的和谐性，包括考虑该产品所有的元素及功能如何取得各方面的平衡，之后再找出一个适当的产品外形匹配。

在短线的产品发展计划中，对现有产品的外形进行修改或取代是可行的，但是，在长线及开发新产品时，则需要将产品构造从头部署。尤其在电子产品的领域中，科技的发展已不断地降低机械的限制（例如产品微型化）及提高产品结构的宽容度。机械结构的变化空间更大， 容许更多的设计选择。所以，设计师有更大的职责去赋予产品外形更多意义及用途。

构造法的主要目的是找出一个理性的、可执行的设计方案，以产品计划概念为基础来解决机械组件或单元的功能问题。

在这过程中，多个可行的构造、组合和分拆都会被考虑。这类的研究是可以通过图像或电脑辅助科技，甚至简单的模型来进行的。

这个程序是也可以利用“集体献策”的方法，其目的是为了获得更多的构造概念，暂且不要仔细检查或轻易进行否决。集体讨论的结果往往会出现全新的概念。

案例1：构造法研究咖啡机设计（缪科蕾）。

以咖啡机为例，以结构分析的方式来考虑该如何设计，可以从每一个咖啡机的示意图看出每个零件的位置放置不同，设计出的形态就迥然不同，构造法是一种由内而外的设计方法（图5-3-1至图5-3-4）。

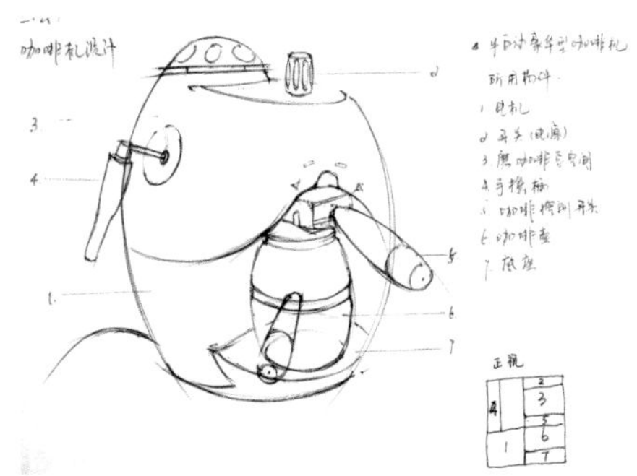

图5-3-1　咖啡机构造1

图5-3-2　咖啡机构造2

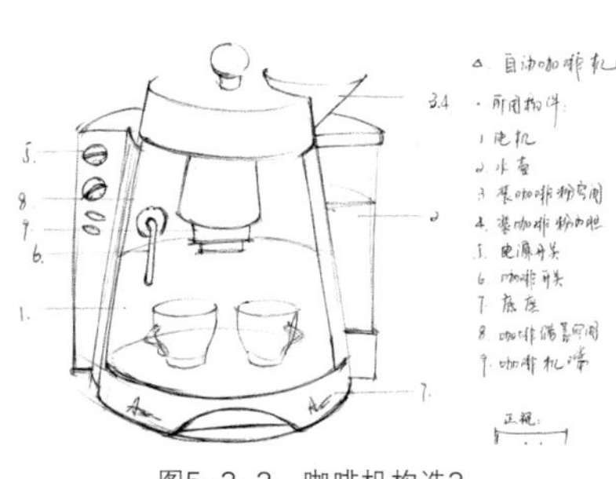

图5-3-3　咖啡机构造3

图5-3-4　咖啡机构造4

案例2：构造法练习——MP3音乐播放器设计（图5-3-5至图5-3-7）。

案例3：构造法研究未来移动通讯器材（图5-3-8）。

案例4：构造法练习——电话机设计（图5-3-9、图5-3-10）。

案例5：构造法练习——排插设计（图5-3-11）。

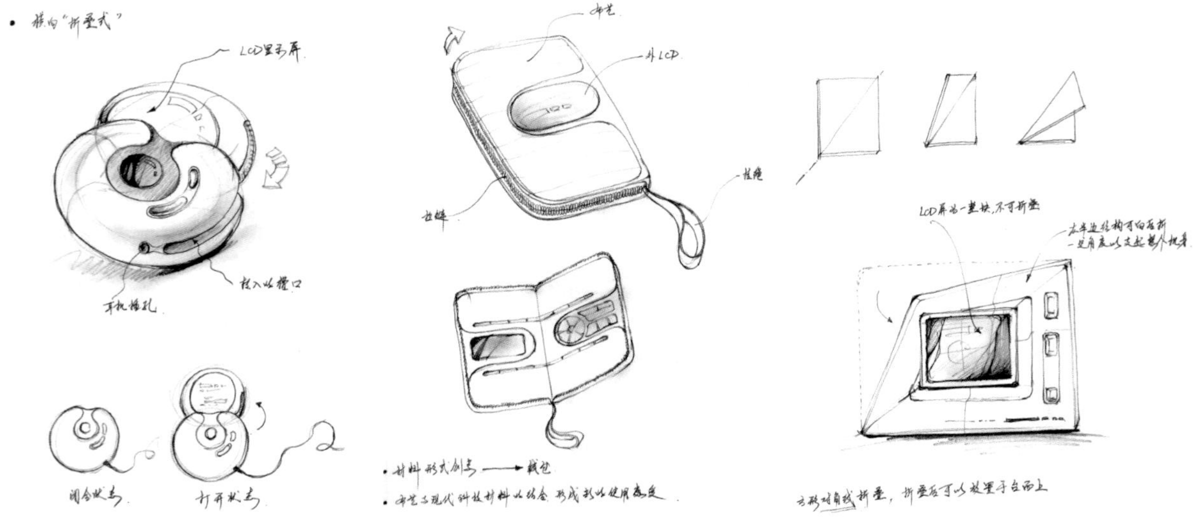

图5-3-5　MP3构造1　楼乐菲

图5-3-6　MP3构造2　楼乐菲

图5-3-7　MP3构造3　楼乐菲

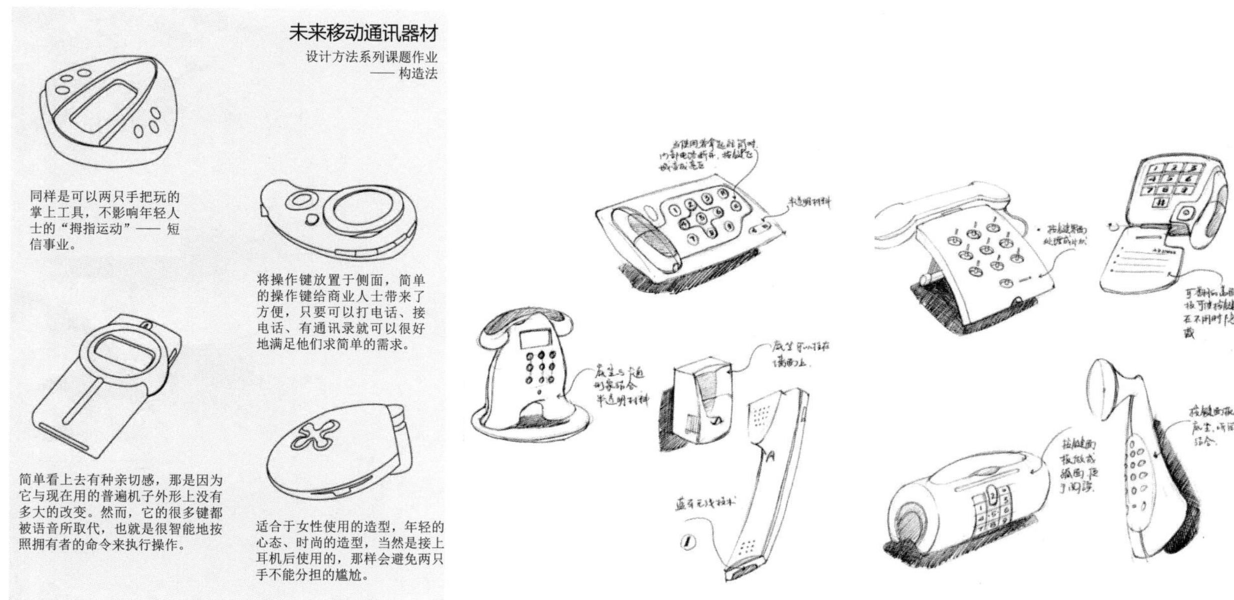

图5-3-8 未来移动通讯器材4种构造　　图5-3-9 电话机构造1 顾济荣　　图5-3-10 电话机构造2 邱文韬

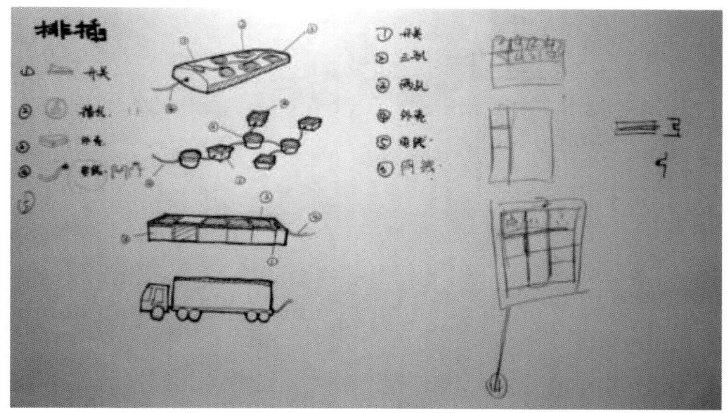

图5-3-11 排插设计构造 邱文韬

思考与练习

1. 选一课题，如设计椅子，运用图表选用不同的材料，与四个层面（table）中任意层面的要素进行组合考虑，提出各种创意（概念、草图、示意图等），越多越好，至少提出五个以上。

2. 以“材料比较特性图”为基础做练习，进行层面（table）及元素的补充与更新。

3. 选一课题，收集与该课题有关的设计，制作多个不同属性的象限图，并分析每个象限内的属性现象，根据自己的判断分析出产品各属性趋势。

4. 继续上一课题，收集与该课题有关的产品色彩搭配资料，使用色相环、明度推移、纯度推移作为坐标，制作色彩象限分析图，并分析象限内色彩分布现象，根据自己的判断选择合适的色彩运用在设计中。

5. 根据自己正在进行的设计主题，决定其所有的零部件，运用构造法分别完成10个不同组合形式的结构造型草绘图，并从中找出一个理性的、可执行的设计方案。

参考文献

[1] 刘国余，沈杰．产品基础形态设计[M]．北京：中国轻工业出版社，2001．

[2] 柳冠中．综合造型设计基础[M]．北京：高等教育出版社，2009．

[3] 陈汗青．产品设计[M]．武汉：华中科技大学出版社，2005．

[4] 宫六朝．工业造型艺术设计[M]．石家庄：花山文艺出版社，2002．

[5] 张展，王虹．产品设计[M]．上海：上海人民美术出版社，2002．

[6] 张明，陈嘉嘉．产品造型设计实务[M]．南京：江苏美术出版社，2005．

[7] 吴冷杰，王双华，廖亦彩．产品设计[M]．北京：兵器工业出版社，2014．

[8] 潘祖平．基础造型[M]．南昌：江西美术出版社，2009．

[9] 左铁峰，李鹏．产品设计进阶[M]．北京：海洋出版社，2008．

[10] 毛斌，曲振波．形态设计[M]．北京：海洋出版社，2010．

[11]（英）索斯马兹．视觉形态设计[M]．孙彤辉，徐超，译．上海：上海人民美术出版社，2012．

[12]（美）金伯利·伊拉姆．设计几何学——关于比例与构成的研究[M]．李乐山，译．北京：中国水利水电出版社，知识产权出版社，2003．

[13] 朱钟炎，丁毅．设计创意发想法[M]．2版．上海：同济大学出版社，2014．

[14] 廖树林，朱钟炎．产品设计的消费者分析[M]．北京：机械工业出版社，2009．

[15] 朱钟炎．朱钟炎产品造型设计教程[M]．武汉：湖北美术出版社，2006．

[16] 王宇靖，朱钟炎．环境与产品[M]．北京：机械工业出版社，2009．

[17] 伍斌．设计思维与创意[M]．北京：北京大学出版社，2007．

[18]（英）E.H.贡布里希．艺术与错觉——图画再现的心理学研究[M]．杨成凯，李正本，范景中，译．南宁：广西美术出版社，2012．

[19] 柳沙．设计艺术心理学[M]．北京：清华大学出版社，2006．

[20] 李砚祖．装饰之道[M]．北京：中国人民大学出版社，1993．